お酢・お寿司検定

公式テキスト

赤野 裕文 ● 著

内閣府認可 一般財団法人
職業技能振興会 ● 監修

日本能率協会マネジメントセンター

本書の内容に関するお問い合わせについて

平素は日本能率協会マネジメントセンターの書籍をご利用いただき、ありがとうございます。
　弊社では、皆様からのお問い合わせへ適切に対応させていただくため、以下①〜④のようにご案内しております。

①お問い合わせ前のご案内について

　現在刊行している書籍において、すでに判明している追加・訂正情報を、弊社の下記 Web サイトでご案内しておりますのでご確認ください。

https://www.jmam.co.jp/pub/additional/

②ご質問いただく方法について

　①をご覧いただきましても解決しなかった場合には、お手数ですが弊社Webサイトの「お問い合わせフォーム」をご利用ください。ご利用の際はメールアドレスが必要となります。

https://www.jmam.co.jp/inquiry/form.php

　なお、インターネットをご利用ではない場合は、郵便にて下記の宛先までお問い合わせください。電話、FAX でのご質問はお受けしておりません。
〈住所〉　〒 103-6009　東京都中央区日本橋 2-7-1　東京日本橋タワー 9F
〈宛先〉　㈱日本能率協会マネジメントセンター　ラーニングパブリッシング本部　出版部

③回答について

　回答は、ご質問いただいた方法によってご返事申し上げます。ご質問の内容によっては弊社での検証や、さらに外部へお問い合わせすることがございますので、その場合にはお時間をいただきます。

④ご質問の内容について

　おそれいりますが、本書の内容に無関係あるいは内容を超えた事柄、お尋ねの際に記述箇所を特定されないもの、読者固有の環境に起因する問題などのご質問にはお答えできません。資格・検定そのものや試験制度等に関する情報は、各運営団体へお問い合わせください。
　また、著者・出版社のいずれも、本書のご利用に対して何らかの保証をするものではなく、本書をお使いの結果について責任を負いかねます。予めご了承ください。

理事長挨拶

　我が国を代表する食べ物といえば、まずお寿司を思い浮かべる人が多いのではないでしょうか。

　大将が匠の技で握る高級店から、気軽な回転寿司店、駅内の立ち食い店、スーパーマーケットのお弁当売り場など、あらゆる形態で提供され、私たちの生活に密着しているといえます。

　そして今やsushiは世界語として、我が国のみならず多くの国々でも愛される存在です。

　各店・各国で独自の発展を遂げている姿を目にしたとき、そういえばお寿司の基本はなんだっただろうかと興味が湧いてきます。

　お寿司には、日本人として当たり前に知っているようで知らない奥深さがあるように思えてなりません。

　また、お寿司を構成する上で欠くことのできない要素がお酢です。

　「さしすせそ」の一つでもある基本の調味料でありながら、食品売り場には数多くの種類が陳列され、その全てを適切に使い分けられる人ばかりではないでしょう。

　単なる調味料としてではなく、健康のためにそのまま飲むものも販売されるなど、活用の幅はとても広いといえます。

　このたび職業技能振興会では、知っているようで知らないお酢とお寿司について学び、日々の生活に役立てていただくために、「お酢・お寿司検定」を創設することといたしました。

　慣れ親しんだお酢とお寿司を深く掘り下げることで、皆様の料理や食事の楽しみがさらに厚くなっていくことでしょう。

　本書は、お酢とお寿司に関する知識を網羅し、これを理解するにあたっての関連情報なども交えて、わかりやすく解説したテキストです。

　新たな発見を通じて皆様の毎日がさらに輝くために、本書が有効に活用されますことを祈念申し上げます。

2024年6月

内閣府認可 一般財団法人 職業技能振興会

理事長 **兵頭 大輔**

はじめに

　私はお酢に関する講演やワークショップ、講義でよくこんな質問を受けます。例えば、「お酢は何でできているの？」、「どうやって作るの？」、「お酢って本当に体に良いの？」などです。売り場に行くと、さまざまな種類のお酢がありますが、それぞれに何が違うのか、どのお酢がピクルスに良いのか、子どもが酸っぱいものを苦手とする場合のお酢料理の工夫なども聞かれます。共通するのは、お酢は身近な調味料でありながら、実は多くの人がその正体をよく知らないということです。お酢は醤油や味噌と同じく発酵食品ですが、神秘的な存在感があります。その一方で、多くの人がお酢について知りたいという強い興味を持っていらっしゃると感じています。また、お酢と言えば、酸っぱいだけでなく、寿司を思い浮かべる方も多いです。寿司は今や日本食の代表的なメニューの一つです。寿司の歴史や知識を深めることで、食生活がより豊かになるかもしれません。

　本書を読むと、お酢は料理を酸っぱくするだけでなく、いつもの料理を美味しくしたり、長持ちさせる効果もあることがわかります。お酢の使い方次第で、料理がより美味しくなる方法や、様々な種類のお酢の使い分け方も学べます。さらに、お酢が健康に良いという科学的根拠も紹介されています。また本書を通じて、寿司の魅力を身近な方から海外の方まで伝えることも可能です。

　そして、学ぶ機会があるのならば、「お酢・お寿司検定」を受けてみてください。この検定は、食に興味がある方や、発酵食品やお酢、寿司に興味がある方、ワンランク上の料理を作りたい方、海外のお客様に寿司の魅力を伝えたい方を対象としています。

　本書は、お酢と寿司を体系的に学べる「お酢・お寿司検定」の公式テキストです。本書や検定を通じて、お酢が食生活をいかに豊かにしてくれるかを理解していただ

けると思います。認定はスタンダードとマスターがあります。両者ともにこの公式テキストから出題されます。スタンダードは正答率70％以上、マスターは85％以上です。スタンダードはお酢・寿司の基礎的な知識を身につけ、食の世界を広げたい方向けです。マスターはお酢・寿司の専門的知識を身につけ、食に関連したプロとして業務に役立てたい方向けです。

　ぜひ合格に向けてチャレンジしてみてください。

　本書執筆にあたり、第Ⅰ部お酢検定は、東京農業大学名誉教授 小泉幸道先生と前広島修道大学教授 多山賢二先生に、第Ⅱ部お寿司検定は、愛知淑徳大学教授 日比野光敏先生に監修いただきましたこと、感謝申し上げます。

　本書は2023年９月より曽我和弘さん、会田博美さん、渡辺雅子さんと制作に着手いたしました。曽我和弘さんには編集企画、会田博美さんにはイラスト制作、渡辺雅子さんには制作会議の取り纏めとタスクマネージメントを担当いただき予定通り出版することができました。

　また、本書は株式会社Mizkanをはじめ、一般財団法人 招鶴亭文庫・小原佑樹さん、フォトグラファー・近藤宏樹さん、カメラマン・望月啓一さん、イラスト制作（さば街道）・コダイラショウヘイさん、石井翔さん、笠井陽子さん、川野頼寿さん、谷川栞さん、根本友紀さん、柳沢和浩さんに協力いただいたこと、改めて深謝します。

　本書の感想については、ぜひこちらにお寄せください。
https://osu-osushi.com

2024年６月

赤野　裕文

お酢・お寿司検定 　**試 験 概 要**

1 受験資格	特になし	
2 出題内容	本書『お酢・お寿司検定公式テキスト』の付録を除くテキスト全体です。	
3 試験日程	年3~4回（第1回試験は、2024年は8月末に実施予定）	
4 出題形式	50問（スタンダード、マスターともに）・4肢択一	
5 合格ライン	スタンダード　問題の総得点の70%以上 マスター　　　問題の総得点の85%以上	
6 試験会場・試験時間	IBT方式・60分	
7 受験料	スタンダード　5,500円（税込） マスター　　　7,700円（税込）	
8 認定証	合格者のうち、希望者には賞状型の認定証を送付いたします。 認定証 3,300円（税込）	
9 受験申し込み先・問い合わせ先	内閣府認可 一般財団法人 職業技能振興会 〒106-0032　東京都港区六本木3-16-14　KYビル4階 TEL：03-5545-5528　FAX：03-5545-5628 （土曜・日曜・祝祭日を除く 10:00～13:30 / 14:30～18:00）	

最新の情報に関しては、内閣府認可 一般財団法人 職業技能振興会のホームページをご確認ください。

受験申込みから合格発表までの流れ

1 受験要項・願書の入手

一般財団法人職業技能振興会ホームページよりダウンロード （https://fos.or.jp/）

2 受験申込み

インターネットからお申込みください。
申込先URL https://fos.or.jp/sav/
※クレジットカード決済も可能です。

3 受験票の交付

ご登録のメールアドレス宛に受験方法等をお送りいたします。

4 試験実施

インターネット通信環境の安定したご自宅等で受験してください。
必ず受験要項にて推奨環境を確認してください。

5 合格発表

試験実施後約2週間を目途に合否を判定し、結果を通知いたします。

6 認定証交付
（希望者のみ）

3,300円を別途、合格通知にて指定された振込先に払込みください。
〈受験料振込先〉
三菱UFJ銀行　田町支店　普通預金　口座番号2428409
一般財団法人職業技能振興会　ザイ）シヨクギヨウギノウシンコウカイ

目次

🔍 column お寿司のコラム

第 **Ⅲ** 部 **お酢・お寿司検定模擬問題** ···· 181

はっきり言って、お酢ってスゴイんです！

●お酢って身体にいいってホント?!

　健康志向の高まりから、発酵食品に注目が集まっている。発酵とは、微生物の働きで有益な変化がもたらされることであり、食品を発酵させることで、味がよくなったり、栄養価が高まったり、保存性が高まったりする。

　お酢も発酵食品の一つで、酢酸菌・麹菌・酵母などの微生物の働きによって、いくつもの発酵を経て造られている。お酢は、すっぱい調味料として認識されているが、お酢の主成分である酢酸は、すっぱさを生み出すばかりではなく、健康機能を高める働きや防腐・静菌効果などもある。

　お酢は実にすごい調味料なのだ。

　お酢には、肥満気味の人の内臓脂肪を減少させる、高めの血圧を低下させる、食後の血糖値上昇を緩やかにしてくれる、疲労回復に寄与するといった四つの力が備わっている。その上、料理にお酢を使うと、上手に減塩する手伝いもしてくれるのだ。そんなお酢の効果を得るためには、毎日継続的に大さじ1杯（15ml）のお酢をとるのがいいとされている。そのとり方は、料理を作る際に加えてみたり、食べる前にかけてみたり、合わせ酢にして使ってみたりと何でも構わない。もちろん、薄めて飲んでもいい。とにかく"お酢活"は、身体を元気にしてくれる源なのだ。お酢を直接飲むのがつらい人には、昨今、普及しているビネガードリンクがおすすめだ。実際、ビネガードリンクを毎日飲んで「お酢活」している人も多い。またお酢を割り材に使用してカクテルにしたり、お酢にアルコールの役割を担わせてノンアルコールカクテルをつくることもできる。ビネガードリンクは、今や調味料としてのお酢よりも成長率が高いのだ。

ビネガードリンク

●お酢には、料理の広がりがいっぱい

　調理面においてもお酢は、いわゆる「さ・し・す・せ・そ」の「す」にあたる基礎調味料なので、ほとんどの家庭で常備されているだろう。お酢の料理といえば、すぐに思い浮かぶのが酢の物だろう。この料理は、古くから日本料理にあって会席料理の中でも後半に登場し、口内をさっぱりさせる役目を担っている。寿司も酢を

用いる代表的料理で、寿司の美味しさは酢飯の良し悪しによって決まるとまでいわれている。お酢は、単に酸味を加えるためだけではなく、素材の旨みを引き出したり、まろやかな味に調えたりと、様々な効用をもたらしてくれる。

　また、お酢は肉料理のような主菜にも活用したい調味料だ。お酢を使えば、肉の油っこさもさっぱりし、誰でも食べやすい味付けになる。「鶏手羽元のさっぱり煮」や「鶏もも肉のさっぱり煮」は、主菜の肉料理にお酢を使った調理例でもある。両方とも味付けぽん酢と水を1：1にして煮込むだけでできる。これなら簡単にできて味もまとまる。味付けぽん酢ではなく、醤油とお酢、砂糖を活用して煮込んでも美味しい。甘辛い味にお酢の酸味が加わって後引く美味しさになるだろう。お酢の適度な酸味は、さっぱりさせるだけではなく、食欲増進効果もある。唾液の分泌が促され、消化吸収がよくなるのだ。

　とにかくお酢は、基礎調味料に、隠し味にと、いろんなことに活用でき、私達の食生活を豊かにしてくれるスゴイ調味料なのだ。

第 **I** 部

お酢検定

1章 お酢っていったい何？

1-1 • お酢の定義

お酢の定義とは…

　我々が調理などに用いるお酢は、食酢と呼ばれている。大きくは、醸造酢と合成酢に分けられ、家庭で使うことが多いのは醸造酢だ。その中でも穀物酢や果実酢を使うことが多いだろう。一般的にお酢と呼ばれるものは、糖質を含む食材を原料にして造られ、それをアルコール発酵させた後に、酢酸発酵させた液体調味料をいう。お酢といえば、何を差し置いても「すっぱい」イメージをもつだろうが、そのすっぱさの主成分は、酢酸によるものだ。橙酢や柚子酢もお酢の仲間だと思う人もいるようだが、実はそうではない。お酢は、自然に存在しているものではなく、酒から造られるもの。いわば、人を介して造られる調味料をいうので、橙酢や柚子酢のように酢酸発酵せずともすっぱいものは、お酢には当たらないのだ。

　醸造酢の主原料は、米や小麦、トウモロコシなどの穀物、それにりんごやぶどうなどの果実（果汁）も原料として使われている。これらを原料に酢酸発酵させて造った液体調味料が醸造酢で、氷酢酸（冷たい場所で固まる純度の高い酢酸）や酢酸（化学合成で作られた液体状の酢酸）を用いていないものをいう。一方、合成酢は、氷酢酸または酢酸の希釈液に砂糖、調味料、食塩を加えて造った液体調味料を指す。合成酢は、味がついたものやあらかじめ発酵しているものを加えて造るので時間も

かからず、コストも安くて済む。例えば、沖縄ではもずくを作る際などに合成酢が用いられている。その酸度は9％と、一般のお酢の2倍以上だ。東北でも漬物を作る時や、魚を〆めるのに合成酢を利用しているようだ。濃度の高い酸でないと、〆めるのにふさわしくないのでこれらの地方では、酸度（p.45参照）の高いお酢をよく使う傾向がある。

● お酢は、基礎調味料の一つ

　お酢は、身近な調味料の一つだ。よく基礎調味料を、さ行の言葉になぞらえて表現する。「さ」が砂糖、「し」が塩、「す」が酢、「せ」が醤油（昔は、せうゆと表記していたことがあった）、「そ」が味噌だ。そのうちの「す」に当たるお酢は、酸味をベースにした調味料である。酸味は五味（甘味・酸味・塩味・苦味・旨味）の一つにも挙げられている。

　自然界で酸味を出す食物といえば、未熟な果実や腐敗したものが挙げられ、酸味と苦味は、注意喚起のシグナルとなることもある。一方、我々は酸味を意識的に使い、生活に役立てている。例えば、酸味を用いることで食欲を刺激、唾液を分泌するのに活用したり、料理を美味しく仕上げるために用いたりもする。お酢には、単に酸味を加えるだけではなく、素材の旨味を引き出したり、まろやかにして味を調える効果もあるのだ。料理において隠し酢（p.105参照）としてお酢を活用するのもその一種。味を調える意味では、欠かせない調味料といえるだろう。

　二杯酢、三杯酢、土佐酢のような合わせ酢を、酢の種類と誤解する人がいるが、実はこれらは酢の使用例にすぎない。日本での合わせ酢の歴史は古く、奈良時代には発酵調味料である「醤」に酢を混ぜた、今の二杯酢のようなものがあったと伝えられている。ちなみに二杯酢とは、酢と醤油を3対2で合わせたものを、三杯酢は、酢と

酢味噌も合わせ酢の一種

醤油に砂糖（またはみりん）などを加えて3対1対2の割合で混ぜ合わせたものをいい、杯で1杯ずつ計ったことからそう名付けられた。土佐酢は、三杯酢にだしを加えたもので、鰹節でとっただしを用いたことから鰹の産地として有名な"土佐"の名が冠された。三杯酢は酸味が強調されるが、土佐酢は鰹だしの旨味が入る分、酸味は和らぐ。和え物や酢の物にまろやかさをつけたい時に用いたい合わせ酢だ（p.48参照）。

　合わせ酢以外にもお酢を用いた調味料は身近にたくさんある。ソース、マヨネーズ、ドレッシング、トマトケチャップがその代表例で、料理を美味しくするのにお酢が一役も二役も買っていることがわかるだろう。

1-2 ● お酢の製造方法

お酢はどのようにしてできるの？

● お酢と酒の深〜い関係

　お酢は、米やぶどうなど糖分をもつ原料を酒にして、そこに酢酸菌を用いて酸化発酵させたものをいう。この定義は、お酢の語源を見れば一目瞭然である。英語では、お酢のことをvinegar（ビネガー）と言うが、これはフランス語vinaigre（ヴィネーグル）が転じてできた言葉、そして、vinaigreはvin（ワイン）とaigre（すっぱい）が合わさってできた言葉だ。つまりワインがすっぱくなったものとの意を含んでいる。

　日本語の"酢"の文字は、"酉"と"乍"から構成されている。元来、酉の字は象形文字で酒壺を表しており、そこに液体を表す"さんずい"が付いて"酒"という形声文字ができた。また、乍の字は垣根を作ることを意味する象形文字である。このように文字の成り立ちを見ても、酢が酒から作られることがわかるだろう。日本では、"酢"という字を使っているが、中国では"醋"という漢字で表現をする。これも酒から作るとか、酒が古くなったものとの意をもつのだ。『韓非子』（かんぴし）（中国戦国時代の法家・韓非の著書）には、「酒が酸敗して商品にならなくなった」との記述が見られ、『法言』（ほうげん）（前漢の儒学書）にも「儀式が長引いて終わった頃には酒がすっぱくなっていた」と書かれている。古代中国の酒は、アルコール度数が低いために酢酸菌などで酸化されやすかったのだろう。ちなみに酸敗（さんぱい）とは、酒などが細菌等の作用で酸化・分解し、色・味・香りが変化して酸味が出てくることをいう。

　洋の東西を見ても"酢"の語源は、酒がひねて（すっぱくなり）できたものだとわかる。日本酒がひねれば米酢になり、ワインがひねればワインビネガーとなるようにお酢と酒は密接な関係があるのだ。

　お酢は、酒とともに歩んできており、ある時、酒が酸化してすっぱくなっていることに気づいたのだろう。酒としては美味しくなくとも、それは腐りにくく、野菜を漬け込むと長持ちすることがわかった。こうして人は、お酢を活用し始めたのだろう。お酢の起源は、明確にはわかっていないが、紀元前5000年頃にはすでに存在してい

たとの記述がバビロニアで見られる。蛇足ながらワインは紀元前4000年頃にメソポタミアのシュメール人が飲んでいたようだし、ビールは同じくメソポタミアで紀元前3000年頃には造られていたと伝えられている。世界最古の酒は、蜂蜜と水で造ったミードで、今から約14000年前に人類が初めて巡り合った酒との説があるくらいだ。つまり酒とお酢がともに発展を遂げた証が歴史から明らかになっており、酒があれば、お酢も成立するので、お酢は酒の数があるだけ、その種類もある。パイナップルやバナナからでもそれらの原料に糖分があるならば酒ができ、お酢も同様にできると思っていい。

● お酢の製造方法は…？

　ところでお酢はどのようにして造られるのだろうか。**お酢は、麹菌・酵母・酢酸菌などの微生物の働きにより、いくつもの発酵過程を経て造られる発酵食品である。これらの菌の中でも酢酸菌は欠かせない。**お酢ができるまでには、図1-1のとおり四つのステップが必要で、ここでは、純米酢の造り方を例に挙げて説明しよう。

　まず一つめは、酒を造るステップ（糖化・アルコール発酵）だ。米を蒸して麹菌を含む米麹（酵素）と水を加えると、麹中の酵素の働きによって米のデンプンが糖（ブドウ糖）に変化する。そこに酵母を加えて糖をアルコール発酵させ、酒を造る。この工程を糖化・アルコール発酵という。ちなみに**りんご酢やワインビネガーのような果実酢では、あらかじめ果汁に糖が含まれているので、この過程では麹菌を使う必要はない。**

　二つめは、酢に変えるステップ（酢酸発酵）だ。できあがった酒に純米酢を種酢として加え圧搾し、酢もと（仕込み液）を造る。種酢とは、酢酸発酵を起こすための酢酸を含む原料を指す。酢酸菌の力によって仕込み液中の**アルコール成分（CH_3CH_2OH）が、お酢の主成分である酢酸（CH_3COOH）へと変化していく。これを酢酸発酵という。酢酸発酵には、表面発酵と深部発酵の二つの代表的な発酵方法があり（p.21参照）、それらを使い分けてお酢を造っている。**

　三つめは、寝かせるステップ（熟成）だ。発酵を終えたお酢の味を調えるために、この工程では、製品によって異なるが、約1ヵ月くらいじっくり寝かせて、とがった酸味を落ち着かせる。

　最後のステップは、仕上げ（濾過・殺菌・ボトル詰め）だ。ここではお酢の命ともいえる「味・利き・香り」を損ねないように濾過、殺菌し、衛生的なラインでボトルに詰めていく。このようにしてできた純米酢は出荷され、やがて食卓へと届くのだ。

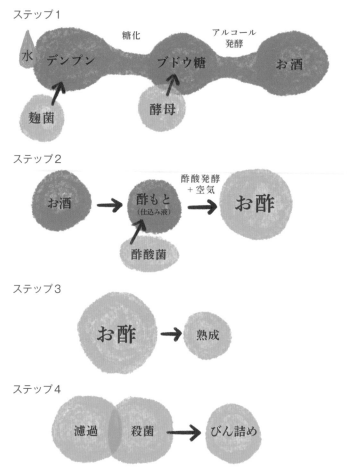

図1-1　お酢の製造法

●壺酢

　日本の伝統的な造り方をするお酢に壺酢がある。壺酢は鹿児島県で製造されているお酢で、その製法の特徴は次のとおりである。仕込みは発酵が最適な条件で進む時期である春と秋に行われる。発酵槽である壺のサイズは54ℓで、太陽の熱や風雨の影響を受け、昼夜の温度変化も発酵に影響する。仕込み液の液面にひねた乾燥麹を浮かべることにより（振り麹と呼ばれている）、乳酸菌、酵母、酢酸菌が連続して発酵する。すなわち、糖化、アルコール発酵、酢酸発酵が同一の壺内で連続して行われるトリプル発酵形式で独特の風味が生まれるのだ。また、振り麹は雑菌の混

表面発酵と深部発酵について

　表面発酵とは、江戸時代から続く伝統的技法で、簡単にいえば、発酵槽（桶）の仕込み液表面部分に酢酸菌を張って繁殖させるやり方だ。仕込み後、酢酸菌膜の一部を移植すると、菌膜が成長し、酒（アルコール）を酸化し始める。こうすることでお酢（酢酸）ができるのである。発酵が終わると、菌膜を取って温度を下げて熟成を行う。

　一方、**深部発酵**は革新技術により生まれたやり方だ。発酵槽（タンク）中の仕込み液に空気を送り込み、攪拌することで酢酸菌に酸素を与え、タンク全体で酢酸発酵させる。こうすることによって発酵時間や温度などを管理しやすくなり、大量に安定した品質で製造できるようになる。品質が安定する上に、表面発酵では満足に造ることが難しい高酸度酢の製造も可能で、効率的に生産できるので、現在多くのメーカーがこの方法を導入している（深部発酵については3-8も参照）。

表面発酵

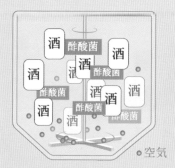
深部発酵

入を防ぐ役割もある。壺自体に乳酸菌、酵母、酢酸菌が固定化されているので、酵母や種酢を追加する必要はない。発酵期間は乳酸生成、アルコール生成（約1ヵ月で7〜8％）、酢酸発酵（約2ヵ月かかり終了）の順に進み、その後6ヵ月以上熟成させる。

1-3　●　お酢の種類と特徴

お酢の違いがわかると、美味しさの世界も広がってくる！

●お酢は、原料によって味も香りも違う

　1-1で、お酢は醸造酢と合成酢に大別されると述べたが、ここからは一般的によく使用される醸造酢の種類について解説しよう。前述したように、お酢は糖質を含む食材を原料として、それをアルコール発酵させた後に、さらに酢酸発酵させた液体調味料をいう。その原料はたくさんあるが、大きく分けると、穀物系と果実系になる。**日本や中国の東洋系食文化圏では、穀物系から造られるお酢が主になっているのに対して、西洋系食文化圏では果実系原料から造られるものを主に使っている。**

　お酢は原料が異なれば、造り方も違ってくるし、味や香りも当然変わってくる。例えば米酢は、米独特の甘味や旨味が活きており、まろやかな味わいだ。りんご酢は、りんご独特の爽やかな香りを有し、すっきりした酸味があるものになっている。このように原料によって味が異なることで、調理での使用法も変わってくるので、料理によって用いるお酢も変えることが理想的だ。日本では、食酢品質表示基準によってお酢を醸造酢と合成酢に分けているだけでなく、醸造酢では、1ℓ中にその原料をどのくらい使用しなければならないかが決められているのだ。表1-1は、その基準を示したものである。

表1-1 ● 食酢品質表示基準による食酢の分類（抜粋）

醸造酢	穀物、果実、野菜、その他農産物、蜂蜜、アルコール、砂糖類を原料にして酢酸発酵させた液体調味料であり、かつ氷酢酸、または酢酸を使用していないものをいう。		
	穀物酢	1ℓ中に穀類を40g以上使用したもの。 ※穀物酢の中でも、下記に当てはまるものは、それぞれ「米酢」「米黒酢」「大麦黒酢」に分類される。	
		米酢	1ℓ中に米を40g以上使用したもの。ただし、米黒酢を除く。
		米黒酢	原料に米（玄米のぬか層の全部を取り除いて精白したものを除く）、またはこれに小麦もしくは大麦を加えたもののみを使用したもので、1ℓ中に米を180g以上使用したもの。かつ発酵及び熟成によって褐色、または黒褐色に着色したもの。
		大麦黒酢	原材料に大麦のみを使用したもので、1ℓ中に大麦を180g以上使用したもの。発酵及び熟成によって褐色、または黒褐色に着色したもの。
	果実酢	1ℓ中に果実の搾り汁を300g以上使用したもの。 ※果実酢の中でも下記に当てはまるものは、それぞれ「りんご酢」「ぶどう酢」に分類される。	
		りんご酢	1ℓ中にりんごの搾り汁を300g以上使用したもの。
		ぶどう酢	1ℓ中にぶどうの搾り汁を300g以上使用したもの。
合成酢	氷酢酸、または酢酸の希釈液に砂糖類を加えた液体調味料。もしくは、それに醸造酢を加えたものをいう。		

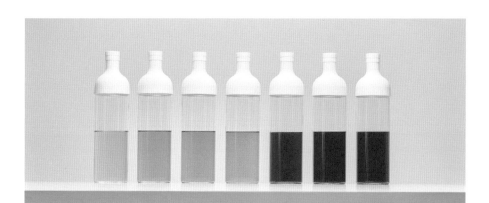

お酢には様々な色がある

バーモント健康法

　国内で酢が健康のために飲用されるようになったきっかけは、バーモント健康法にある。バーモント健康法は、アメリカのバーモント州に古くから伝わる民間療法の一つだ。この地域の住民の平均寿命が長いことから、彼らが昔から愛飲しているりんご酒から作った酢と蜂蜜が注目されるようになった。アメリカの医師D・C・Jarvisの『Folk Medicine』（1958年）はベストセラーとなり、1961年には日本でも『バーモントの民間療法』として出版され、再びベストセラーになった。この本は、バーモント州の民間療法を近代医学の視点から20年間研究したJarvis博士の報告書で、なぜバーモント州には長寿者が多いのか、その疑問に明快な解答を示している。この方法では、蜂蜜、りんご酢、海藻が愛用され、小麦よりもライ麦、砂糖よりも蜂蜜が好まれている。

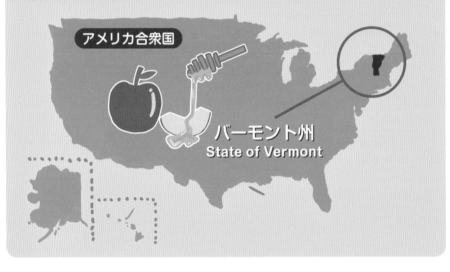

　調理において重要な調味料であるお酢は、古くからその地域の食文化を担ってきた。日本や中国では穀物系を主原料として造られているが、欧米では果実系のお酢が主流である。広く海外を見渡せば、我々がよく用いるお酢の他にもなじみの薄いお酢も多い。この項では、主要なお酢を解説しながら、その特徴や味・酸味についてまとめる。国が変われば、食文化や料理も変わり、お酢の味わいも違ってくるのだ。

①米酢

香りと、味のバランスがいい。米から造ったお酢

　この後のお酢の歴史の項でも述べるが、日本のお酢は、米酢の歴史だと考えてもいい。米酢とは、その名のとおり原料が米。日本農林規格（JAS規格）ではその使用量が1ℓ中に40g以上のもので、米黒酢を除いたものと定義されている。

　米酢は、米の美味しさを活かしたもので、米の甘さや、まろやかな風味が特徴。穀物酢と比べると、香りも豊かである。繊細な日本料理にはぴったりな味わいといえるだろう。このデリケートな風味を活かすには、やはり酢の物がマッチする。その他、漬物やマリネ、和風ドレッシングにもよく合い、加熱せずにそのまま使うのがいい。和洋中のいろんな料理に合うが、特にお寿司には必需品だ。白い酢飯を好む関西のお寿司にはなくてはならない調味料になっている。

　商品によっては、純米酢と表記しているものがある。純米酢のように"純"と付くものは、原料を1種類のみで製造した商品を指す。ちなみに米酢は、米とアルコール、米と小麦のように米以外の材料も使って造っていることが多い。米だけで造ったお酢は、"純"と表記することが許されている。純米酢は、米だけを使用しているとあってコクと旨味が利いた深い風味があり、米のまろやかな味がより活きたものになっている。

②穀物酢

クセがなく、しっかりした酸味が持ち味

米を主原料にして造る米酢とは異なり、小麦・米・コーンなど様々な穀物系原料や酒粕をバランスよくブレンドして造っている。その定義としては、それらの穀物を1種類、もしくは2種類以上使用し、その使用量が40g以上のものと決まっている。

淡い色味とすっきりした香りが特徴的で、一般的に米酢より安価なこともあって日本ではポピュラーなお酢として多用されている。クセが少なく、しっかりした酸味があるので、煮物や炒め物などいろんな料理に活用できる。酸味を感じやすいために加熱する料理にも向いている。洋食に米のコクが気になるから米酢を使いたくないという人には、穀物酢の方がオススメだ。

③粕酢

熟成した酒粕を原料として造る"赤みがかったお酢"

粕酢は、日本酒を造った後に残った固形物である酒粕を原料にして造られたもの。酒粕を熟成し、酢酸発酵させて造っている。酒粕の熟成に1～3年を要するために粕酢が商品化されるまでには長い年月が必要だ。長い年月を経て熟し、できた粕酢は、赤褐色の色合いになり、この赤みがかった色合いから"赤酢"とも呼ばれている。酸味はまろやかで、旨味や甘味もあって上品な味わいで、香りも高いのが特徴的。江戸前の握り寿司は、粕酢を用いることがあり、ご飯に混ぜると、赤みがかった色になるためにその酢飯を"赤シャリ"とも呼んでいる。江戸時代後期に誕生した日本のお酢で、江戸前の握り寿司ブームを後押ししたお酢でもある。

④黒酢

中華料理の必需品は、黒褐色が特徴的

米や大麦が主原料で、発酵や熟成過程で黒褐色になったもの。米黒酢と大麦黒酢があるが、市販品は米黒酢が主流だ。原料に玄米のように糠層の付いた米、もしくはそれに小麦か、大麦を加えたもののみを使用し、その米の使用量が穀物酢1ℓあたりに180g以上のもので、発酵および熟成によって褐色、または黒褐色に着色したものを米黒酢と呼ぶと定義されている。一般的には黒酢と呼ばれている。

黒酢独特の色合いは、原料由来の甘味と旨味成分が反応したもので、特異な風味を醸し出す。旨味成分が豊富でクセがなく、柔らかな酸味を有す。コクのある香ばしい香りも特徴の一つで、使用することで料理にコクを与えてくれる。中華料理によく用いられるお酢である。健康を意識して水や炭酸水で割って飲用もよくされている。

⑤りんご酢

すっきりした爽やかさが特徴の果実酢

りんごの果汁をアルコール発酵させ、酢酸発酵させて造ったのがりんご酢で、果実酢の代表にも挙げられる。りんご酢は、りんご搾り汁が果実酢1ℓあたり、300g以上のものと定義されている。

りんごを原料にしているだけにフルーティで爽やかな味わい。すっきり、まろやかな風味が特徴的で、そのシャープさからも野菜との相性は抜群だ。サラダにかけたりして使わ

れることも多い。調味以外にも水や炭酸で割って飲んだり、カクテルの割り材に利用したりと、飲用に活用することもある。純米酢と同様に純りんご酢は、りんご果汁だけで造ったものをいう。穀物系のお酢とは、ひと味違った楽しみ方ができる。

⑥ワインビネガー
フルーティでキレのある酸味が特徴のお酢

　西洋料理で欠かせないのがワインビネガー。ワインビネガーは、その名からもわかるように、**ぶどうを主原料とするワインから造ったお酢を指す。薫り高いフルーティなもので、キレのある酸味が特徴だ。**

　白ワインから造られるものを白ワインビネガー、赤ワインから造られるものを赤ワインビネガーと呼ぶ。前者は、渋味が少なく、すっきりした酸味なのに対し、後者はワインを造る時に果皮も一緒に使われているので多少の渋味がある。芳醇な香りとコクのあるまろやかさが特徴でもある。

　白ワインビネガーはサラダのドレッシングやマリネに、赤ワインビネガーは煮込み料理やソースづくりに用いられるケースが多い。

⑦バルサミコ酢
イタリア・モデナ地区を中心に造られる果実酢

　ぶどうを原料に造った甘酸っぱいお酢。イタリアのエミリア・ロマーニャ州のモデナや、レッジョ・エミリアで造られたイタリア原産のお酢だけがバルサミコ酢と呼ばれる。ワインビネガーと煮詰めたぶどう果汁を木樽内で長期熟成させるという伝統的な造り方でつくられている。バルサミコ酢のなかでも長い年月をかけて熟成させたトラディツオナーレは、とろりとして濃厚な味わい、芳醇な香りをもち、デザートにそのままかけて使うことも多い。熟成期間の短いものは、さらりとして酸味があるのでドレッシングなどに向いている。ワインと同じように熟成期間が長いほど芳醇な味わいになるので、手間がかかる分、価格も高くなる。25年以上のものは、ストラヴェッキオと呼ばれている。

〈海外でよく使われているお酢〉

● シェリービネガー

シェリー酒は、スペインで愛飲される白ワイン。ワインを造る際に使ったぶどうを再利用して造られたブランデーを添加して、アルコール度数を高めた酒精強化ワインである。酵母に加えカビ付けをして造る。そのため**シェリー酒を原料としたシェリービネガーは、カビ特有の古酒香（こしゅこう）があって深いコクが特徴的。**熟成した甘さや奥行きのある酸味は、マリネや肉の煮込み料理にぴったり。**スペイン南部のアンダルシア地方ヘレスとその周辺のみで造られている。**

● シャンパンビネガー

シャンパンビネガーは、その名のとおりシャンパンやシャンパンを造るのと同じぶどう、通常はピノ・ノワール、ピノ・ムニエ、またはシャルドネのぶどうを原料に造られたもの。シャンパンとは、スパークリングワイン（3気圧以上のガス圧をもった発泡性のあるワイン）の一つで、フランスシャンパーニュ地方で造られたもので、かつフランスの法律に規定された条件を満たしているもののみ名乗ることができる。**シャンパンビネガーは、爽やかで、樽熟成により酸味がまろやかになったお酢である。**魚介類や鶏料理によく合い、サラダにもよく使われる。

● フランボワーズビネガー

フランボワーズとは、木苺の一種。ラズベリーとは呼び名がフランス語読みになるだけで同じものだ。フランボワーズビネガーは、その名が示すとおり、**白ワインビネガーをベースにしてフランボワーズの果肉を豊富に用いて造ったお酢。甘酸っぱいフランボワーズの味わいが利いており、フルーティーで、酸味が強いお酢に仕上がっている。**刺激的な酸味を活かしてこってりした肉料理に使うのがいい。サラダのドレッシングにも活用できるし、炭酸を用いたカクテルの割り材にも使える。

● ココナッツビネガー

　ココナッツビネガーは、ココヤシから造られたお酢。ココナッツの実に含まれるココナッツウォーターから造ったものと、ココナッツの樹液を原料にして8ヵ月～1年ぐらい自然発酵させたココナッツトディビネガーの2種類がある。酸味がまろやかで独特のコクを有しており、香りはさほど強くはない。フィリピンなど東南アジアで主にドレッシングなどに使われている。スリランカでは、アッチャール（漬物）や茄子の料理などに用いる。その他、風味づけにも使え、飲み物にも活用できる。

● デーツビネガー

　ビタミンやミネラル、食物繊維を豊富に含むことからスーパーフードとも称されるデーツ。ナツメヤシの一種でもあるデーツで造った酒に由来したものがデーツビネガーである。デーツは、乾燥地帯に自生するため、デーツビネガーも中近東やアフリカでよく造られている。自然な甘味と、さっぱりしたキレがあるお酢で、ドレッシングや煮込み料理に使用したり、お菓子の仕上げに使うこともある。チーズやヨーグルトにかけてもよい。炭酸や水で割って飲んだり、カクテルに使ったりもする。

● モルトビネガー

　もともとはビールが酢酸発酵したものといわれ、紀元前2000～3000年ぐらいからあったとされる。麦芽（モルト）を糖化後、アルコール発酵させた酒から造る。ビールやウイスキー造りが盛んな英国でよく使われているお酢で、濃厚で風味がある。レモンのような香りが特徴なので、レモン代わりに用いられるケースが多い。少々クセがあって酸も強く、揚げ物のしつこさを消してくれるため、英国のフィッシュ＆チップスには欠かせない調味料といわれている。

● ホワイトビネガー

コーンやサツマイモ、テンサイなどデンプン質の原料を用いて造ったお酢。酸度は一般的なお酢よりは高く、シャープで酸味の強い味わいがする。無色透明なので素材の色を活かしたり、料理にあまり色をつけたくない時には便利。酸味だけを感じるため、ドレッシングに活用されるほか、マリネやピクルス作りにもよく使われている。もちろん**食用での調味利用が主体**だが、米国では掃除や除菌にも用いられたり、草木の肥料にも使われたりしている。

● 香酢

中国の伝統製法で造られたお酢で、色が黒いため黒酢とも呼ばれている。ただし、日本の黒酢が玄米や大麦を原料にするのに対して**中国の黒酢（香酢）は餅米で造っている。餅米を主原料として、麩（小麦を粉にひいた時に出る皮のくず）と合わせ、もろみを湿らせて固体の状態のまま長時間かけて発酵させて造っている。**まろやかな酸味を有し、濃厚な旨味をもつのが味の特徴。**中国三大名酢**に数えられる鎮江香醋が有名で、中華料理店ではポピュラーな調味料。小籠包や水餃子のタレによく使われる。

● 老陳酢

いわゆる黒酢の一種で、その起源は3200年前に遡るといわれているくらい伝統がある。**モロコシを主原料に大麦やエンドウを混ぜた麹を用いて造っている。**多様な雑穀から造るためにミネラルや食物繊維が豊富で、その上じっくり熟成させるので、まろやかな酸味と深いコクが生まれ、独特な香りも有する。**有名なのは、山西省清徐県とその周辺で生産されている山西老陳醋。中国三大名酢にも挙げられる**だけあって日本の中華料理店では卓上調味料としてよく活用されている。

表1-2にお酢の種類と特徴をまとめた。ただし、この表は一般的なお酢について
まとめたものであり、製品によっては特徴が異なる場合もあることに注意してほしい。

表1-2 ● お酢の種類と特徴のまとめ

お酢の種類	味の濃淡※	利き※（酸味の強さ）	香り	特徴	使い方（代表料理例）
米酢	3.5	3.0	お米の甘い香り	お米の美味しさを活かしたまろやかな酸味をもつ。	お米のまろやかな風味によって料理が美味しく仕上がる。酢の物、らっきょう漬け、ちらし寿司、甘酢漬けなどの酢漬け、手巻き寿司、すし丼など。
穀物酢	3.0	4.5	すっきりした香り	素材の味を活かし、クセがないすっきりした酸味をもつ。味・利き・香りのバランスが整っている。	穀物酢で豚肉や鶏肉を煮ると、さっぱり仕上がる。鶏のさっぱり煮、鰯の梅酢煮、アサリとトマトのスープ、酢豚、肉団子の甘酢あんなど。ゴボウ、レンコンのアク抜きなどの下ごしらえにも使え、フライなどに穀物酢をかけるとさっぱりと美味しい。
粕酢	3.5	4.0	豊かな熟成香	熟成した酒粕を主原料として造った穀物酢。飴色の深い色あいから赤酢とも呼ばれている。しっかりした酸味を有し、コクのある味。芳醇でまろやかな味わいが特徴的。	粕酢の赤い色味や特徴から握り寿司に活用される。寿司や酢の物をまろやかに仕上げることができる。お酢自体に旨味が十分あるので他の調味料（砂糖・塩・醤油）は控えめの使用でいい。寿司、肉料理など。

※味の濃淡と利きの数値は5段階評価にして表している。味の濃淡は数字が5に近いほど濃く、利きは数字が5に近い
ほど酸味が強い。
緑：穀物で造ったお酢
赤：果物で造ったお酢

お酢の種類	味の濃淡※	利き※（酸味の強さ）	香り	特徴	使い方（代表料理例）
黒酢	4.0	2.5	黒酢特有の芳しい香り	芳醇で個性豊かな味わい。玄米由来の旨味成分を豊富に含んでいる。黒酢の個性を活かせる適度な風味とコクがあって、クセが少なく、柔らかな酸味をもつ。	飽きのこないコクのある酸味は、毎日の健康ドリンクにおすすめ。水で割ったり、野菜ジュースにプラスして活用。中華料理のあんかけや炒め物、ラーメンなどにかければあっさりとした味になる。
りんご酢	2.5	4.5	りんごのフルーティで爽やかな香り	ほのかなりんごの香りと、さっぱりした風味が特徴。	りんごのフルーティな酸味は、手作りドリンクやドレッシングにぴったり。フルーツ酢（サワードリンク）、マリネ、ピクルスなど。爽やかなりんごの風味を活かしてデザート、ドレッシングにも。
ワインビネガー（白ワインビネガー）	3.0	4.5	白ワインの豊かな香り	ぶどう果汁をアルコール発酵させた白ワインを主原料にして造ったぶどう酢。白ワインのもつ、なめらかな味を活かした軽い口当たりが特徴。	フルーティな酸味は、手作りドリンクやドレッシングにぴったり。フルーツ酢（サワードリンク）、マリネ、ピクルスなど。爽やかな風味を活かしてデザート、ドレッシングにも。

※味の濃淡と利きの数値は5段階評価にして表している。味の濃淡は数字が5に近いほど濃く、利きは数字が5に近いほど酸味が強い。
緑：穀物で造ったお酢
赤：果物で造ったお酢

お酢の種類	味の濃淡※	利き※（酸味の強さ）	香り	特徴	使い方（代表料理例）
バルサミコ酢	5.0	2.0	煮詰めたぶどう果汁の香り	ワインを発酵させて造ったワインビネガーと、ぶどう果汁を濃縮したものを木の樽の中で発酵・熟成させたもの。深い色、芳醇な香りとまろやかな甘味が特徴。	フルーティな酸味は、手作りドリンクやドレッシングにぴったり。マリネ、ピクルス、肉料理など。爽やかな風味を活かしてデザート、ドレッシングにも。

※味の濃淡と利きの数値は5段階評価にして表している。味の濃淡は数字が5に近いほど濃く、利きは数字が5に近いほど酸味が強い。
緑：穀物で造ったお酢
赤：果物で造ったお酢

MEMO

世界のお酢

欧州拡大図

<英国>
モルトビネガー

<フランス>
シャンパンビネガー
フランボワーズビネガー

<スペイン>
シェリービネガー

<イタリア>
バルサミコ酢

<欧州>
ワインビネガー
アップルビネガー（りんご酢）
フレーバービネガー

<中東>
デーツビネガー

<中国>
米酢
香酢
老陳酢

<東南アジア>
ココナッツビネガー

<北米>
ワインビネガー
アップルビネガー（りんご酢）
フレーバービネガー

<南米>
ワインビネガー

column

粕酢：江戸時代の握り寿司流行を支えた"赤酢"

粕酢は、文化文政期に半田で生まれたヒット商品

　粕酢とは、熟成した酒粕を原料に造られたお酢のこと。日本酒造りにおいては、もろみを搾って清酒ができるのだが、約7割が液体（清酒）となり、残り約3割が固体となって残る。その残った固体部分が酒粕である。

　日本で粕酢がいつどこで造り始められたのかは定かでないが、粕酢をメジャーにし、寿司飯づくりに活用させたのは、ミツカンの創業者 中野又左衛門の功績であることは間違いない事実だ。

　日本の酢の歴史は、米酢の歴史だといっても過言ではない。応神天皇の頃（4〜5世紀）、中国から酢造りが伝来し、以降米酢が造られ、使われてきた。18世紀後半に江戸庶民に酢の物が広まると、お酢は重要な調味料として活用されていく。文化文政期（1804〜1830年）には、お酢を用いる握り寿司が流行し、寿司飯用の米酢が大量に求められるようになっていた。中野又左衛門は、そんな状況に目をつけ、知多半島の半田で粕酢造りに挑戦した。

　注目すべきは、酒造家だった中野家が、酒造りと並行して当時タブーとされた酢造りに乗り出したことだ。文化文政期には、灘の日本酒が下り酒と呼ばれ、江戸で人気を博し、摂津国（現在の大阪府北西部から兵庫県東部）で生産された日本酒が大量に船で江戸まで運ばれていた。半田を含む知多半島や尾張の日本酒も「中国酒」と呼ばれ、江戸に多くを出荷していたのだが、当時、品質で劣る知多半島の酒は、下り酒に押され、江戸での消費量が少なくなっていた。そんな時代背景での粕酢造り挑戦であったのだ。

江戸時代の握り寿司　川端玉章「鮓の図」（吉野鮨本店所蔵）

粕酢は、芳醇でまろやかな味が特徴

お酢が酒からできることを考えれば、酒造りと酢造りは両立するように思えるが、そうではない。いったん酒に酢酸菌が入ってしまうと、酒が全て酢になってしまう。だから酒造家は、お酢を嫌っていたのだ。ただ、酒粕からお酢ができるのは、経験的に知っていたので、この特性を活かせないかと中野又左衛門は考えたようだ。そして

粕酢

熟成させた酒粕を使って粕酢を造った。ここが大きなポイントで、工業的に粕酢を造って大量生産に繋げたのである。

当時の粕酢は、桶で1～3年ほど寝かせて熟成させる。この熟成により特有の甘味や旨味が生まれるのだ。アルコール分が飛ばないよう蓋をし、和紙で目張りをする。こうして一定期間寝かせた酒粕は「古粕」と呼ばれ、熟成することで飴色に変化していく。この古粕に水を加えて溶かし、1週間ほどしてから圧搾濾過する。ここで得ら

3年熟成した酒粕

れた液体（澄汁）が酢のもとになる。澄汁の半分を鉄釜で煮沸し、残り半分の澄汁と合わせ、別に発酵させた種酢と混ぜて仕込み桶に移す。そうすると、約1ヵ月で酢酸菌が増殖し、発酵が進むのだ。その後、1～3ヵ月熟成させ、味に丸みをもたせてから澱を引き、濾過工程を経て樽詰めされる。「三ツ判®山吹®」のような粕酢は、今でもこの伝統製法に倣って造られている。

粕酢は、米酢と比べて甘味が強く、旨味も多い。粕酢独特の風味や旨味が寿司飯に合う。色合いもやや赤みを帯びているので"赤酢"と呼ばれ、今でも関東圏の寿司屋では、粕酢を使用するところが多い。これもまた化政文化期に握り寿司が流行し、その流行を粕酢が後押ししたことに起因している。又左衛門は、米酢を粕酢に替えたら寿司はもっと旨く、手軽になると思って造ったのだろう。

江戸時代の粕酢の樽

1-4 ● お酢の成分

お酢の主成分は何？

● お酢のすっぱさの根源は酢酸にあり

　お酢の味は、その成分の組成に大きく影響される。主な成分である有機酸や糖類、アミノ酸などが、お酢の味や風味を形成する要素となる。お酢の主要な味を形成するのは、有機酸である。有機酸の種類や濃度によって、お酢の酸味の質や強さが変わる。有機酸の中では酢酸がその大半を占めており、酸味の主体は酢酸である。酢酸以外にも原料由来の成分としてりんご酢にはリンゴ酸があり、ワインビネガーには酒石酸が含まれているが、それらの量は酢酸量と比較すると少なく、酸味の強さに影響を与えるほどではない。しかし、酢酸以外の有機酸が含まれることにより酸味の質に影響を与えている。

　原料由来の有機酸の他に、発酵により生成される有機酸もある。例えば、アルコール発酵中にはクエン酸やリンゴ酸などが生成される。酢酸発酵中には、発酵条件によっては、ブドウ糖（グルコース）が酸化してグルコン酸を生成する。お酢の中には1％を超えるグルコン酸が含まれることもある。

　主要な糖類はブドウ糖で、お酢に甘味を与える。ブドウ糖以外にもフルクトースやオリゴ糖などが含まれる。糖類はその甘味により、お酢の酸味をやわらげる効果がある。

　アミノ酸はお酢の旨味に影響を与える。特に、アミノ酸が豊富な醸造過程を経たお酢は、旨味が強く感じられ、酸味をやわらげる効果がある。その他お酢には、微量のミネラル、ビタミンなども含まれている。

　次に香り成分について述べる。お酢の香り成分は、様々な化合物からなるが、アルコール類、エステル類、アルデヒド類や酸類が含まれている。これらは、原料由来のもの、アルコール発酵中に酵母により作られたもの、酢酸発酵中に酢酸菌により作られたものや熟成中に作られたものである。

　アルコール類で最も多いのはエチルアルコールである。エチルアルコールはお酢の原料であるが、酢酸発酵によりお酢の主成分である酢酸に変わる。一般的にエチルアルコールがなくなると香りが悪くなるので一部残してある。エステル類は香り成分として重要な成分（化合物）であり、例としては酢酸エチルなどが挙げられる。これらの化合物は、フルーティーで甘い香りをもつが、多すぎると不快な香りとなる。これらの香り成分が、お酢の特有の香りや風味を形成する。

表1-3 ● 各種お酢の成分値（分析値一例）

	穀物酢	米酢	黒酢	粕酢	りんご酢	バルサミコ酢
酸度 %	4.2	4.5	4.5	4.5	5.0	6.0
pH	2.6	2.7	3.2	3.2	2.7	2.8
酢酸 %	4.1	4.0	4.4	4.2	4.9	5.4
不揮発酸[※1] %	0.1	0.5	0.3	0.3	検出限界以下	0.6
全糖[※2] %	2.6	8.1	5.7	1.6	2.9	15.1
全窒素 %	0.04	0.03	0.16	0.26	検出限界以下	0.09
総アミノ酸 mg%（20種類）	60	90	430	750	24	152

※1 不揮発酸：揮発しないクエン酸、グルコン酸などの酢酸以外の有機酸を合計した値。
※2 全糖：ブドウ糖や砂糖などを全てまとめた値。

各種お酢の成分値からみた特徴

　穀物酢：pHが低いので、酸味を強く感じる味

　米酢：全糖が多いので、まろやかな酸味

　黒酢：全糖、アミノ酸が多いので、コクがある味

　粕酢：アミノ酸が多いので、コクがあり、まろやかな味

　りんご酢：酢酸が多いので、すっきりした酸味

　バルサミコ酢：全糖が多いので、甘酸っぱい味

1-5 ● お酢de自由研究

お酢で食品がこんなに変化するなんて!?

　お酢は、すっぱくするだけではなく、様々な作用をもっている。本節では、お酢を使った美味しい実験を紹介しよう。

【お酢マジックその1】　お酢と黒豆で、ごはんをピンク色に！

　黒豆には、アントシアニンという色素が含まれている。アントシアニンは草花、果物などの紅、紫、黒色などの大部分を占めており、水に溶け、酸性では赤色、アルカリ性では青色を呈する。アントシアニンは、お酢の酸性に反応すると、ピンク色に変化するのだ。そこで黒豆を用いてピンク色の寿司飯を作ってみよう。

■実験の方法

〈用意するもの〉

黒豆　30g

米　3合

水（黒豆用）　100ml

水（炊飯用）　適量

すし酢　90ml

ラップ

耐熱ボウル

耐熱皿

〈作り方〉

①　黒豆と水100mlを耐熱皿に入れ、ラップを掛けて、電子レンジで温めて（600Wで2分30秒が目安）、柔らかくする。

②　お米を洗い、炊飯器に①の黒豆を汁ごと入れる。3合の目盛りまで水を入れてごはんを炊く。

③　炊き上がったら、すし酢を回し掛けて手早く混ぜ合わせる。そうすると、あっという間にごはんがピンク色に変化する。

④　ピンク色の寿司飯が完成。

【お酢マジックその2】 お酢で卵を透明に：スケルトン卵

「お酢の力で卵を透明に」なんて言うと嘘のように聞こえるかもしれない。実は**卵の殻は、炭酸カルシウムでできており、お酢にはそのカルシウム塩を溶かす力が備わっているのだ。**下式は、卵の殻（炭酸カルシウム）とお酢（酢酸）が反応して、酢酸カルシウム、二酸化炭素、および水が生成される過程を表している。

$$CaCO_3 + 2CH_3COOH \rightarrow Ca(CH_3COO)_2 + CO_2 + H_2O$$

お酢に含まれる酢酸と反応することで、卵の殻が溶けていく。**卵の殻が溶けても中身が崩れないのは、卵殻膜というたんぱく質でできた薄皮が卵の形を保っているからだ。**卵殻膜は、たんぱく質でできているので、お酢の力で少しずつ固まって強度が増している。また、卵の<u>重量は増加する</u>。これは、お酢が卵殻膜内に移動するからである。この現象は、浸透と呼ばれている。

■実験の方法

〈用意するもの〉

卵 1個　　お酢 適量　　ガラス瓶　　キッチンペーパー　　輪ゴム

〈作り方〉

① ガラス瓶に卵を入れて、卵が浸かるまでお酢を注ぐ（卵とガラス瓶は必ずよく洗い、汚れを落としておくこと）。

② 卵から泡が出てきたら、ホコリが入らないようにキッチンペーパーでガラス瓶の口にふんわり蓋をし、輪ゴムで留める。冷蔵庫もしくは冷暗所に2日ほど置いておく。
※炭酸ガスが発生するので蓋は強く閉めないこと！

③ 卵の殻が溶けて薄い皮だけになったらスケルトン卵が完成（殻が溶けるのが遅いときは割箸などで軽くかき混ぜること。それでも反応しない場合は新しいお酢に入れ替える）。
※卵の殻が残っていたら水で優しく洗うときれいに落ちる。

【お酢マジックその３】 牛乳とお酢でカッテージチーズができる

　牛乳の主な栄養素は、たんぱく質、脂肪、乳糖である。乳糖は水分に溶けていて、全体は中性である。牛乳のたんぱく質にはカゼインという成分が多く含まれており、このカゼインはお互いに反発する特徴があるため、カゼイン同士はくっつくことなく分散している。そこへお酢のような酸性のものが入ると、お互いに反発し合っていた状態が崩れてくっつき合うようになり、脂肪を抱き込んで固まる。これがカッテージチーズである。作る際には加熱するが、この理由は、より固まりやすくするためで、60℃以上が望ましい。

　カッテージチーズを作って残った液体は、「乳清（ホエイ）」というヨーグルトの上にある透明な液体と同じもの。たんぱく質、ビタミン、ミネラルなどの栄養が含まれているので、残った液もサワージュースなどに活用するといい。

■実験の方法

〈用意するもの〉

牛乳　500ml	ラップ
りんご酢　50ml	スプーン
（他のお酢でも可）	キッチンペーパー
耐熱ボウル	ザル

〈作り方〉

①　耐熱ボウルに牛乳を入れてラップをかける。電子レンジで温めて（600Wで2分30秒が目安）、りんご酢を加える。

②　牛乳とりんご酢をよく混ぜ合わせると、モロモロとした塊ができあがる。

③　キッチンペーパーで水分を濾す（キッチンペーパーの代わりに布やガーゼを使っても可）。

④　残った塊の水分を軽く絞る（水分を絞りすぎると、パサパサしたチーズになってしまうので加減して絞る）。

⑤　カッテージチーズが完成。

【お酢マジックその4】 お酢で紫キャベツが一瞬で変色

　ピンク色のごはんと同様に紫キャベツにもアントシアニンが含まれている。このアントシアニンは、すっぱい味のもの（お酢やレモン）に反応するとピンク色になる特質をもっている。レモンにも赤っぽい色を鮮やかにする力があるので、お酢の代わりにレモン汁を使っても色が変化する。食材によってアントシアニンの構造が違うため、紫キャベツに含まれているアントシアニン色素と、黒豆に含まれているアントシアニン色素の色味は異なってくる。

■実験の方法

〈用意するもの〉

紫キャベツ　適量
お酢　適量
水　適量
ボウル

〈作り方〉

① 細かく刻んだ紫キャベツをしばらく水に浸け、水に色がつくまで待つ。

② 水が紫色になったらお酢を加える。

③ 紫色が鮮やかな赤色に変化したら完成。

column

いろんな有機酸についても語ろう

すっぱさのもとは、こんな有機酸も含まれるから

　1-4ではお酢の主成分について述べたが、ここでは前節にもでてきた有機酸（ゆうきさん）について少し説明を加えておこう。まず、**お酢の主成分は、有機酸の一種である酢酸であり、その他に微量ではあるが、クエン酸やグルコン酸などの有機酸が含まれている**ことも前述のとおりだ。酸度とは、これらのすべての酸を酢酸に換算し、お酢に含まれる酸の割合を表したものである。お酢は、原料がもともともっている甘味や旨味、コク、香りなどが加わってその味わいが決まってくるのだ。だから酸度の高さが必ずしもすっぱさの強さを表すものではないと理解してほしい。

　果物に含まれる酸には、クエン酸・リンゴ酸・酒石酸がある。その中でもおなじみなのがクエン酸で、この言葉を目にする機会も多いだろう。**クエン酸とは、みかんやレモンなどの柑橘類に多く含まれている酸である。**我々は片仮名で「クエン」と表記することが多いが、漢字にすると「枸櫞」と書く。これは中国産の柑橘類の一種でそこから柑橘類に共通して含まれる酸をクエン酸と呼ぶようになった。クエン酸は、水に溶けやすい結晶で爽やかな酸味を有するために清涼飲料水に利用されることが多い。

　一方、**リンゴ酸は、文字どおり、りんごに含まれ、りんごのすっぱさの素である。**名前がリンゴ酸なのでりんごのみに含まれている酸のように思われるが、**ザクロやバナナ、チェリー、グァバ、それにぶどうやレモンにも多く含まれ**ているのだ。無色の針状の結晶で潮解性（ちょうかいせい）（空気中の水分を吸収して液状になる性質）があり、クエン酸と同様に清涼飲料水の酸味として使われることが多い。オキシコハク酸

ともいい、りんごから見つかったことでリンゴ酸と呼ばれるようになった。

　酒石酸は、ぶどうなどの果実に含まれる酸。ぶどうは食べると甘く感じるが、味わいの中にはすっぱさも隠れており、それが酒石酸にあたる。**ぶどうをワインにした時にすっぱさがあるのは、この酒石酸が影響しているからだ。**ワイン樽で熟成する時に樽の内部に小さな石がくっついてくる。瓶詰めのコルクにも少し大きな石のようなものが付いていることがある。これらが酒石酸だ。つまり、酒の石だからそのように名づけられたのだ。快（こころよ）い酸味が得られるために清涼飲料水やシロップなどにも原料として使われている。

2章 調味料としてのお酢

2-1 ● 合わせ酢いろいろ

お酢の使い方の基本。好みで調味して料理を楽しみたい

　米酢やりんご酢、黒酢などお酢には、原料とその製造方法によって様々な種類があることはすでに述べた。それらのお酢をベースに砂糖や塩などの調味料を加えた合わせ酢があり、いろいろな合わせ酢を使うと、さらに調味の幅は広がってくる。**二杯酢や三杯酢をお酢と誤解している人もいるようだが、正確にはこれらはお酢ではなく、お酢をベースに調味料を加えた"合わせ酢"で、調味酢とも呼ばれている。**

　日本に初めてお酢の醸造技術が伝わったのは、4〜5世紀ごろ。俗に古墳時代と呼ばれる古代であるが、そこから徐々に進化し、奈良時代には酢造りが盛んに行われ、朝廷ではお酢を税として徴収するようになっていた。奈良時代には、発酵調味料である醤にお酢を混ぜた現代の二杯酢のようなものが登場していたようで、かなり昔から合わせ酢が存在していたことがうかがえる。本節では、いろいろな合わせ酢と、お酢をベースにした調味料について説明しよう。

二杯酢　土佐酢　ごま酢　三杯酢　甘酢　南蛮酢

①二杯酢

　お酢と醤油の二つを合わせていることから"二杯酢"という。別名"酢醤油"ともいい、三杯酢のように砂糖を使っていないことから甘味は出ず、コクのみを出したい時に使用する。

②三杯酢

お酢と醤油に砂糖（もしくはみりん）を加えたものを、三つの要素を合わせたことから"三杯酢"と呼ぶ。二杯酢のようにコクだけでなく、砂糖を加えているので甘味もある。そのため様々な料理に使いやすく、酢の物全般の調味料として活用されている。ノンオイルドレッシングとして、サラダに使ってもよい。

③土佐酢

三杯酢に鰹節を加えることで旨味を利かせている。旨味が追加されることで、お酢の酸味がまろやかになる。お酢・醤油・砂糖の調味料と鰹の削り節を合わせ、ひと煮立ちさせて鰹の削り節を濾して作る。和え物や添え酢、掛け酢としてよく用いる。名前は、土佐（高知）が鰹で有名なことから名づけられた。合わせ酢以外にも鰹節を用いたものには、土佐煮、土佐揚げなど"土佐"の名称が用いられることが多い。

④甘酢

お酢に砂糖（もしくはみりん）、塩少々を合わせた甘味が強めの合わせ酢。野菜や魚などを甘酢に漬けた、いわゆる甘酢漬けによく活用されており、これにとろみを付けたものが、中華料理でよく使われている甘酢あんである。

⑤ごま酢

すりごまの風味が利いた合わせ酢。すりごま、お酢、塩、砂糖（もしくはみりん）などで延ばして作る。どんな野菜にもよく合い、和え物に使いやすい。手早く一品追加したい時に特におすすめだ。

⑥南蛮酢

唐辛子とごま油を用いるのが味の決め手。唐辛子を使用しており、南蛮風料理に用いられることからこのように呼ばれている。揚げた魚や野菜と絡めた、いわゆる南蛮漬けと呼ばれる料理の合わせ酢で、酸味が利いてさっぱりとした甘さの料理に活用される。

表2-1 ● 合わせ酢

合わせ酢の種類	作り方	代表的な料理
二杯酢	お酢大さじ3に、醤油大さじ2を合わせる。	白身魚の二杯酢
三杯酢	お酢大さじ3に、醤油大さじ1と砂糖大さじ2を合わせる。	白菜と鶏肉の三杯酢
土佐酢	お酢大さじ3、醤油大さじ1、砂糖大さじ2、鰹の削り節3gを合わせ、ひと煮立ちしてから鰹の削り節を濾す。	ちりめんじゃこ、キュウリ、茄子の酢の物
甘酢	お酢大さじ3、砂糖大さじ2、塩少々を合わせる。	かぶの甘酢漬け
ごま酢	お酢大さじ2、醤油大さじ3、砂糖大さじ2、すりごま大さじ4を合わせる。	冷やし中華
南蛮酢	お酢大さじ2、醤油大さじ2、砂糖小さじ2、ごま油大さじ1、赤唐辛子1/2本を合わせる。	あじの南蛮漬け

2-2 ● お酢をベースにした調味料

普段、何気なく使っている調味料にもお酢が使われている

和風ドレッシング

洋風ドレッシング

中華風ドレッシング

● お酢を使ってドレッシングづくりを

サラダなどに用いる調味料としてドレッシングがある。そもそもドレッシングの語源は、洋服のドレスからきており、食材をドレスに見立てて着飾る意味からそう呼ばれるようになった。言葉の発祥は、衣装や化粧だが、現在ではサラダにかける広い意味でのソースとして使われていることが多い。お酢やサラダ油、香辛料を混ぜ合わせたソースでシーザードレッシングやフレンチドレッシング、イタリアンドレッシングなどが挙げられる。下記に和洋中と料理に合わせた三つのドレッシングを紹介しよう。ちなみに、サラダの語源は、諸説あるがラテン語で塩を意味するsal、そして塩で味付けをするという意味のsalareからきているという説が有力だ。英語では「salad」、フランス語では「salade」、イタリア語では「insalata」という言葉に変化した。

■和風ドレッシング

　一般的なものとしてお酢と醤油、植物油（サラダ油）を合わせたものを呼ぶ。ここに紫蘇や梅干、すりおろした生姜、柚子、ワサビなどを加えて作るものも和風ドレッシングに類する。

〈作り方〉

　お酢（米酢）大さじ 2、油（サラダ油）大さじ 1、塩小さじ1/4、砂糖小さじ 1、醤油小さじ 2 を合わせる。

■洋風ドレッシング

　代表的なものとしてフレンチドレッシングやイタリアンドレッシングがある。フレンチドレッシングは、別名カタリーナドレッシングとも呼ばれるもので、白と赤、セパレートの三つのタイプに分けられる。フランスではなく、実は米国で誕生したという説もあり、ルーシャース・フレンチという米国人の妻が夫に野菜を食べさせるために甘酸っぱいソースを考案したとされるが、その信憑性は低いと考えられている。一方、イタリアンドレッシングは、米国料理やカナダ料理におけるヴィネグレットソースタイプのもの。この北米国タイプのドレッシングはイタリアンと名付けられているものの、イタリアでは、サラダにはオリーブ油・お酢・塩・ブラックペッパーをかけるのが一般的で、既成のヴィネグレットソースはあまり使用しない。ちなみにヴィネグレットソースとは、お酢・油・塩・コショウなどを混ぜて作ったソースで、サラダやマリネに多用する。

〈作り方〉

　お酢（りんご酢）大さじ 2、油（サラダ油もしくはオリーブ油）大さじ 2、塩小さじ1/4、砂糖小さじ 1、コショウ少々を合わせる。

■中華風ドレッシング

　中華風料理に合うように作ったドレッシングで、お酢・醤油・砂糖・ごま油などを合わせて作る。すりごまやいりごまを使ったり、すりおろした生姜や豆板醤、ラー油などを加えて作る場合もある。

〈作り方〉

　お酢（穀物酢）大さじ 2、油（ごま油）大さじ 1、塩小さじ1/4、砂糖小さじ 1、醤油小さじ 2、おろし生姜小さじ1/2 を合わせる。

● ドレッシング以外のお酢を使った調味料

　調味料を作る際にお酢を用いて酸味をつけているものが多くある。そんな調味料の代表例を挙げておこう。

■マヨネーズ

　食用油・お酢・卵を主材料として作った半固体状調味料。日本では卵黄タイプが主流だが、海外では全卵タイプのものが多い。

〈作り方〉

　ボウルに卵黄2個、塩小さじ1、りんご酢大さじ2を入れて、泡立て器でよく混ぜる。そこに植物油（サラダ油またはオリーブ油）200mlを少しずつ加え、その都度よく混ぜる。乳化し、マヨネーズの状態になったらできあがり。最も重要なのは、材料を混ぜる順番。酢と油は混じり合うことがないので、まずは卵黄と酢を混ぜる必要がある。そこに油を加えて乳化させていく。

■ケチャップ

　日本で好まれる調味料の一つで、日本でケチャップといえば、トマトケチャップを指すことが多い。完熟トマトを加熱して濾し、低温で煮詰めてトマトピューレを作り、お酢と砂糖、塩、オールスパイス、シナモン、クローブなどを加えて作っている。洋食分野においては欠かせない調味料で、日本生まれの西洋料理であるオムライスやナポリタンスパゲッティ、チキンライスはこれによって味付けられている。ちなみにケチャップの語源は、中国で古くからある「ケ・ツィアプ」という調味料に由来するという説が有力だといわれている。植民地であったマレー半島で英国人が口にし、英国料理のローストや揚物に使われるようになったようだ。やがて欧州で姿を大きく変え、その後、英国のケチャップが米国にも伝わり、トマトケチャップが普及する。

〈作り方〉

　みじん切りのトマト500gを鍋に入れ、潰しながら煮詰め、裏漉しをする。別の小鍋にすりおろした玉ねぎ50gとにんにく1/2片を加えて弱火で20分ほど煮る。

　さらに別の鍋にりんご酢大さじ3、砂糖大さじ2、塩小さじ1/2、コショウ小さじ1/4とローリエ1枚、お好みでオールスパイス、シナモン、クローブなどのスパイスを少々入れて煮る。鍋に裏漉しをしたトマト、それぞれの小鍋に作ったものを入れ（ローリエは取り除く）、汁気が半量ぐらいになるまで煮詰める。

■ウスターソース

　ウスターソースはイギリス発祥といわれている調味料で、お酢をベースにした香味調味料。肉料理やソース、スープなどに使われ、深い風味を与える。

■タルタルソース

　タルタルソースは、主に魚料理やシーフード料理に添えられることが多いソースで、マヨネーズやピクルス、香草、レモン汁、お酢などをベースにして作られる。お酢の酸味が特徴で、爽やかな風味を与える。

■バーベキューソース

　バーベキューソースは、バーベキュー料理に添えられることが一般的なソース。トマトケチャップやウスターソース、ブラウンシュガー、お酢、スパイスなどが使われ、甘味と酸味のバランスが特徴。

■ピリ辛ソース

　ピリ辛ソースは、辛みと酸味が特徴のソースで、お酢がよく使われる。例えば、タバスコソースやシラチャーソースなどがその代表例。料理のアクセントとして使われることが多い。

■スイートアンドサワーソース

　スイートアンドサワーソースは、中国料理やアジア料理でよく使われるソースで、お酢をベースにした甘酸っぱい味わいが特徴。肉や魚、野菜などに合わせて使われる。

■ヌクマムチャン

　ベトナムの代表的な調味料で、お酢をベースにした魚醤ソース。お酢に魚醤、砂糖、ライムジュース、唐辛子などを混ぜ合わせ、生春巻きや焼肉などに添えて食べられる。

■ダァア

　エジプトの伝統的な料理であるコシャリに使われるソース。香辛料の利いたソースで、お酢、ニンニク、クミン、コリアンダー、レモン汁の風味とスパイスがコシャリの味を引き立てる。

お酢の雑学

　所変われば、自ずとお酢の文化も変わってくる。外国のお酢は、米国ではホワイトビネガーが、英国ではモルトビネガー、イタリアではワインビネガーやバルサミコ酢が一般的だ。それに対し、日本では米酢や穀物酢のような穀物系のお酢が多用されている。昨今、日本では健康を目的にお酢飲料が飲まれているが、海外ではまだ日本ほどお酢を飲む習慣は少なく、主として調味料として活用されているようだ。ちなみにお酢のボトルは、欧州では日本と同じように500mlや750mlが一般的だが、米国では3.7ℓぐらいの大容量商品がよく店頭に並んでいるのだ。

　ところでp.31で香酢、老陳酢などの中国の黒酢についても触れたが、中国では餃子を黒酢につけて食べる。本来、餃子とは水餃子や蒸し餃子のことで、中国ではかつて献上品扱いの料理だった。今でも旧正月や結婚式など祝いの席で出てくる。それを焼き餃子にし、酢醤油とラー油のつけダレで食べるようにしたのは日本人だといわれている。かつて中国では、位のある人や裕福な人が水餃子や蒸し餃子を作って食べた。彼らは多めに作ることが多く、当然餃子は余る。残ったものを使用人などにあげるのだ。もらった使用人は、二度茹でしたりしては美味しくないので焼いて食した。その調理法を鍋貼（コーテル）と呼ぶ。いわば焼き餃子は、余ったものの処理法だ

ったのである。戦前・戦中の満州は日本軍が占領しており、焼き餃子はなぜか彼らの口に合ったようだ。おそらく、焼くと日本人好みの醤油がフィットしたのだろう。満州の日本人が中国人に鍋貼を作って欲しいと頼んだ。中国人も残り物を処理する食べ方だからと躊躇しただろうが、命令には逆らえず餃子を焼いて食べさせた。その満州の鍋貼が戦後日本で広まり、焼き餃子が我が国でポピュラーな存在になっていく。タレにラー油が入り、酢醤油と合わせ、餃子ににんにくを入れたのも日式（日本式）餃子の食べ方。日本では餃子というと、焼いたものが一般的で、ラー油に酢醤油で食べることが多い。最近では、焼いた餃子をお酢にコショウを入れた「酢コショウ」で食べる使い方まで登場している。黒酢で食べていた高級料理が、いつのまにかB級グルメに変身し、酢の使い方まで変わったのである。

column

ぽん酢とは、何者なのか?!

欧州の食前酒がなぜ日本で調味料に？

　「ぽん酢は、お酢ですか？」との質問が食酢メーカーによく寄せられると聞く。その答えは、「ぽん酢はお酢ではなく、調味料の一つ」である。ただ消費者が認識しているぽん酢とは、ぽん酢醤油や味付けぽん酢を指す場合が多く、それにはミツカンの「味ぽん」の存在が大きく影響しているようだ。

　そもそもぽん酢とは、オランダ語の「ポンス」が転じたもので「ス」の部分を「酢」の字に置き換え、「ぽん酢」と呼ぶようになった。時代を遡ると、インドのサンスクリット語で数字の「5」を「パンチャ」と呼ぶのがその起源だといわれている。この「パンチャ」は5つの材料（紅茶・レモン汁・砂糖・塩・香辛料）を使った胃腸薬となる飲み物も指していた。「パンチャ」が欧州へ伝来し、オランダ語の「ポンス」に変化し、リキュールに柑橘果汁や砂糖などを加えた食前酒的な飲み物になった。英国ではさらに「パンチ」に変化、果汁　砂糖やシロップ・炭酸水・アルコール・水・スパイスを混ぜたフルーツパンチが生まれている。

　オランダの「ポンス」が長崎に伝来したのは江戸時代のこと。当初はオランダ同様、食前酒として伝わったそうだが、日本に食前酒の習慣がなかったのでその通りには定着しなかったようだ。ポンスに使われる柑橘果汁はレモンだったが、長崎では橙やみかんなど日本で採れる柑橘類の果汁を使っていた。当時は柑橘果汁をひとまとめにして「ポンス」と呼んでいる。それがいつしか鍋などのつけダレに使われるようになり、名前も「ポンズ」に。鍋物との相性がよかったので明治時代以降に料理屋で用いられるようになり、調味料「ぽん酢」に変身したのである。

　オランダからのぽん酢とは別に『料理調菜四季献立集』（1836年）には　ぶどう酢　かき酢　代々酢　青梅酢　みかん酢などの記述があり、そのぶどう酢の項目に「ぶどう酢はぶどうを摺り、その中に酢を入れ漉して用ゆ。かき酢、代々酢、たで酢、胡麻酢、青梅酢、みかん酢も同様。」と書かれているので、橙やみかんなど搾った後にさらに酢を足していたと考えられる。このように、柑橘果汁と酢の合わせ酢は存在していたようだ。

　「ぽん酢」というと、醤油の入ったすっぱい調味料を想像しがちだが、実はそうではない。元来は柑橘果汁と酢でできた調味料を指し、薄い黄色をしたものなのだ。そこに使用される柑橘

ぽん酢

味付けぽん酢

類には、柚子・みかん・レモン・橙・スダチ・カボスなどがある。一方、醤油の入ったものは、ぽん酢醤油や味付けぽん酢と呼ぶ。味付けぽん酢が水炊きやしゃぶしゃぶなどの鍋料理のつけダレとして活用され出したのは、意外と歴史が浅い。きっかけは、ミツカン「味ぽん」の家庭での普及である。「味ぽん」が生まれたきっかけは、博多での宴席だ。ミツカンの7代目中埜又左エ門が博多の料理屋で、俗にいう博多水炊き（白濁したスープの鶏の水炊き）を食べ、その味に感激したことによる。その頃は、酒屋の調味料というと、一番手が醤油で、お酢は二番手に甘んじていた。だから醤油に対する強い対抗心があったと思われる。7代目中埜又左エ門は、醤油に負けない調味料として水炊きの際に出てきた味付けぽん酢をどうにか商品化できないものかと考え、会社に帰って商品化に乗り出すよう部下に指示した。開発陣は1年の半分を料理屋通いに費やし、いろんな地方の醤油を配合し、だし醤油の味を消し去った独自の調味料を開発する。それが今の「味ぽん」で、お酢と柑橘果汁、醤油などを合わせたことから当初は「ミツカンぽん酢〈味つけ〉」と命名され、1964年に関西で試験販売された。1967年に「味ぽん酢」として全国に売り出している。ちなみに、「味ぽん」という商品名は1980年からである。

現在、ぽん酢は鍋料理のつけダレ以外にも焼肉や餃子のつけダレとして、また調理用として炒め物や煮物にも使われている。他の調味料と合わせれば、味の幅も広がる。ぽん酢に使用する果汁でその風味も異なることから様々な味わいが得られて面白い。ちなみに柚子を使うと爽やかで華やかな香りと適度な酸味が得られる。スダチは上品ですっきりした香りと爽やかな酸味が、カボスは独特の香りと爽やかな強い酸味に。そして橙はクセがなく甘い香りがし、すっきりとした酸味が特徴となる。ここに酢が合わさり、ぽん酢ならではの酸味になるのだ。今では、飲み物から調味料へと変身したぽん酢が日本ならではの食文化を育んでいる。また、元来の柑橘果汁と酢でできたぽん酢はアルコールの割り材としても活用されているようである。

■手作り味付けぽん酢の作り方

〈材料〉

醤油　100ml
柚子の搾り汁　80ml
鰹だし　40ml
みりん　20ml
昆布　3cm四方
鰹節　10g

〈作り方〉

① 醤油・鰹だし・みりん・昆布を合わせてひと煮立ちさせ、鰹節を入れる。

② ①を濾して冷ましてから柚子の搾り汁を加える。

※瓶などに入れて2日ほど経ってから使用するといい。手作りなので日持ちはしないので要注意。必ず冷蔵庫で保管し、早めに使うこと。

2-3 ● ラベルの見方

知っていると便利。お酢のラベルの見方

　お酢を購入すると、必ず瓶にラベルが貼られている。何気なく見過ごしてしまいがちだが、そこにはそのお酢のプロフィールが書かれており、大事な要素が網羅されている。目的に合ったお酢を選ぶには、ラベルの見方を知っていると役立つはず。ここでは、そんなラベルの見方を解説しよう（図2-1）。

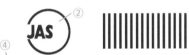

④ ●名称:穀物酢●原材料名:穀類(小麦、米、コーン)、アルコール(国内製造)、酒かす
⑥ ●酸度:4.2%●内容量:500ml ⑦
　●賞味期限(開栓前)─⑧ ⑤

⑨
　●保存方法:直射日光を避け、常温で保存
⑩ ●製造者:株式会社XXXXX　XX県XX市XX町XXXX●製造所:XX県XX市XX町─⑪

※開栓後はキャップをきちんと閉め、暗所に立てて保管して下さい。空気中の酢酸菌により浮遊物が生じ、風味が劣化する場合があります。
※褐色の沈殿物を生じることがありますが、品質には問題ありません。※飲用する場合、水などで必ず5倍以上に薄めてお飲み下さい。刺激を強く感じる場合は、使用をおひかえ下さい。

A ─ 栄養成分表示(大さじ1杯15ml当たり)

B ─ エネルギー	3.8 kcal
C ─ たんぱく質	0.05 g
D ─ 脂　　質　③	0 g
E ─ 炭 水 化 物	1.1 g
F ─ 食塩相当量	0.001 g

図2-1　お酢のラベル

① 醸造酢と合成酢を区別する表示。

② JASマーク

　農林物質の規格化等に関する法律（JAS法）に基づく格付制度で、品質についての規格を満たす商品に付けることができるマーク。

③ 栄養成分表示

　商品のエネルギー、たんぱく質、脂質、炭水化物、食塩相当量を表示する。お酢

は大さじ1杯、2杯と計量することを想定して大さじ1杯当たりで表示することもある。その文字の表示は原則として8ポイント以上と決まっている。

　A：食酢100ml（又は1食分等）当たりの量（1食分の場合は量を併記する）。

　B：一定の値（又は下限値及び上限値）を単位（kcal）で明示して表示。

　C〜E：一定の値（又は下限値及び上限値）を、単位（g）で明示して表示。100g当たり0.5g未満の場合は「0」と表示できる。

　F：ナトリウムの量を食塩相当量に換算し、一定の値（又は下限値及び上限値）を、単位（g）で明示して表示。ナトリウム量が100g当たり5mg未満の場合は「0」と表示できる。

④ 名称

　お酢の種類を表示。

⑤ 原材料名

　使用した原材料について表示。

⑥ 酸度

　お酢に含まれる全ての有機酸を酢酸に換算して表示（お酢の種類によって酸度は違い、JAS規格では基準が設けられている）。

⑦ 内容量

⑧ 賞味期限

　開栓前で、かつ定められた条件で保存された場合、この商品の品質が十分に保持されている期限を表示。

⑨ 保存方法

　この商品の味や香り等、品質を保持するために望ましい、開栓前の保存方法を表示。

⑩ 製造者等及びその住所

　商品の表示等に関する責任を持つ事業者の名称と住所を表示。

⑪ 製造所等

　商品を実際に製造している事業所の名称と住所を表示（名称や住所が⑩と同じ場合は省略）。

2-4 ● 保存方法と賞味期限について

お酢の保存方法は…？

　一般的に、お酢の品質は瓶詰めや出荷後に少しずつ変化する。この変化は、お酢中の成分が微妙に化学反応することによるもので、光や温度などが影響している。**お酢は他の調味料とは異なり、強い酸性であり、pHが低いため微生物汚染を受けにくい特徴がある。しかし、時間が経つと褐変着色やオリの発生、香りの変化が起こりうる。**お酢は保存中には一般的な成分の変化はほとんどないが、色やにごり、沈殿物の発生など、わずかに変化することがある。また、香りにも若干の変化があり、特に原料を豊富に使用したお酢は糖分や窒素含量が高く、メイラード反応による着色が進みやすい。

　お酢の変化は化学反応によって進むため、温度の影響が大きい。保管温度が高いほど化学反応が進み、品質の劣化が早まる。また、直射日光に照射されると日光臭が発生することがある。この日光臭の原因は、お酢中の微量のビタミンB_2とメチオニンが光化学反応によってメチオナールとなり、不快な臭いとなることがわかっている。さらに、硫化水素やメチルメルカプタン、二硫化メチルも日光臭の原因物質として確認されている。

　したがって、**お酢は直射日光を避け、なるべく低温で保管することが重要である。**以上を踏まえて、お酢の保存方法について解説する。

　ラベルに書かれている賞味期限は、あくまでも開栓前の期日である。開栓後の期日ではないので注意してほしい。**お酢は開栓前後にかかわらず、美味しく味わうためには直射日光を避けた室内の冷暗所か、冷蔵庫内で保存してほしい。**現代では多くの家庭で冬でも台所を暖房しているので、どちらかといえば冷蔵庫保存をおすすめしたい。

　使用中のお酢に時々（まれな例だが）浮遊物質が発生するケースがある。これは野生の酢酸菌の混入によって起こるもので、お酢に含まれるブドウ糖などから作られたセルロース（繊維）である。しっかり栓をしていない際などに発生するものだ。身体には無害だが、味などを変化させてしまうので、開栓後はしっかりと栓をして保存すること。浮遊物質が発生した場合は、風味が劣化しているので使用は避けた

方がよい。また、お酢を別の容器に移して保管している時に浮遊物質が発生した場合は、容器に残っているお酢は廃棄し、水洗いを行った後、やけどに気をつけながら高温のお湯で熱湯消毒したうえで乾燥後、再使用することが望ましい。このことにより野生の酢酸菌を死滅させることができる。なお、褐色の沈殿物（オリ）が発生することもあるが、品質には問題ないと考えても良い。

開栓後のお酢の賞味期限の目安は、商品によって異なり、以下その一例を示す。お酢のほか、お酢ドリンク、ぽん酢についても記載しておく。ただし、これはあくまでも目安で、メーカーによって異なる。

- 純玄米黒酢・純りんご酢：開栓後常温保存で3ヵ月、冷蔵保存は半年が目安。
- すし酢・らっきょう酢：開栓後常温保存で3～4ヵ月、冷蔵保存は6～8ヵ月が目安。
- カンタン酢・やさしいお酢・マリネの素：開栓後冷蔵保存で3ヵ月が目安。
- お酢ドリンク
  希釈タイプ：開栓後冷蔵保存で1ヵ月が目安。
  ストレートタイプ：開栓後冷蔵保存で1週間以内が目安。
- ぽん酢：開栓後冷蔵保存で4ヵ月が目安。

お酢はアルミ容器や鍋で使用することは避けるべきである。お酢の酸がアルミニウムと反応することにより微量ではあるが腐食したり、お酢の品質が損なわれる可能性がある。料理に使う場合、アルミ以外のステンレスまたは樹脂加工した調理器具を使用してほしい。

3章 お酢の歴史を学ぼう

3-1 ● メソポタミア〜中世　世界史編

お酢は古代から生活の進歩とともにあった

● お酢のルーツは、古代メソポタミアの記述にあり

　起源は定かではないが、酒のルーツはミード（蜂蜜酒）だといわれている。ただ、紀元前5000年頃には、メソポタミア（現在のイラク南部あたり）で農耕や放牧が定着し、それとともにデーツ（ナツメヤシ）や干しぶどうで酒が造られていたとされる。酒がひねると、酸化してすっぱくなる、当時の人はこういった現象に気づき、偶然お酢を発見したものと思われる。そのためお酢の起源は、紀元前5000年頃ではないかと考えられているのだ。

　多くの証拠から世界最古のワイン生産地は、ペルシャであったと思われる。ワインや酢の原料は、ぶどうやいちじくではなく、主にデーツが使用されており、バビロニア人は食品を酢に漬けて保存することをすでに行っていたようだ。紀元前3000年頃にはワインがエジプトでは知られた存在になっており、そのワインも特性上、開封するとお酢になることもわかっていただろう。お酢は、古代エジプト語でHmD（ヘメディ）という。この時代には、野菜をハーブやスパイスと一緒に酢に漬けてピクルスを作っていたこともわかっている。お酢については、保存での活用のみではない。旧約聖書には、働き者の嫁ルツが親戚で金持ちのボアスから感謝されて「お酢で作った美味しくて冷たい飲み物

メソポタミア

デーツ

干しぶどう

をもらった」との逸話も載っているし、トロイの王女ヘレネには、リラックスするために酢を水に混ぜて入浴したとの伝説もあるくらいだ。

　古代ギリシャに入ると（紀元前400〜紀元後600年）、お酢は医療分野でも活用されていたことがわかる。医学の父とも呼ばれるヒポクラテスは、お酢の抗菌作用に着目し、皮膚病や呼吸器の治療にもお酢を活用している。風邪や咳などの主な治療薬としてお酢を処方し、身体の回復期には酢卵を飲ませたといわれている。また、紀元前3世紀のギリシャでは、哲学者のテオフラストスが文献に、お酢と金属との反応により鉛白や緑青などの顔料ができることを記録している。これらの記述によってこの時代には、調理以外の分野でもお酢が使われ出しているのがわかる。

　料理に目をやると、美食家としても知られるアピキウスの『料理大全』では、調味使いにも言及されている。当時は魚醤が主な調味料だったが、その生臭さを消すために香辛料、ワイン、ビネガーを用いたとある。ちなみに同書には、お酢を使った150ほどのレシピが載っているのだ。また、古代ギリシャのスパルタには、お酢を用いた「黒いスープ」という料理があった。これは豚肉と血を茹でて塩と酢だけで味付けしたもの。「黒いスープ」は、古代ギリシャの喜劇にも出てきているし、作家プルタルコスは『リュクルゴスの生涯』の中でもこの料理に触れている。さらに古代ローマでは、すっぱくなったワインを鉛の鍋で煮て「サパ」という甘いシロップを作っていた。イタリア語で「サパ」は、大樽でぶどうの搾り汁の加工品を煮て濃縮したものとの意味がある。アピキウスの『料理大全』からもわかるように、この時代にお酢が日常生活の中で広く使われていたことは明白なようだ。

　古代社会では、たびたびお酢の逸話が登場する。カエサルの『ガリア戦記』からは、水にお酢を混ぜて飲んでいたことがわかる。遠征において他国で水を飲むのは、腹を下すことがあって危険であるため、対策としてお酢を混ぜたのだ。お酢は殺菌効果が得られるばかりか、水に混ぜると爽やかな味になると伝えている。またプリ

ニウスはクレオパトラの逸話を残しており、そこには、アントニウスのために豪華な宴会を催した際に、彼女は豊かさを示すのに一回の食事で100万シスタセスの財産を使い切れるかを賭け、真珠をお酢に入れて溶かして飲んでみせたとある。クレオパトラは、お酢の成分が真珠を溶かすことを知っていたのだろう。

　ともあれローマ帝国の時代には、お酢とハーブについての知識が豊かになり、それらを使った様々な料理が開発されていたようだ。ローマ時代初期に書かれた『農業につい

て』では、「キャベツを生で食す時には、少しお酢をつけて食べると消化によく、下痢止めや利尿剤として優れている」と書かれており、生野菜をぶどうから造ったビネガー（お酢）で味付けして薬食することも薦めているし、プルトニウスは、野菜を酢で調味するというアケタリアという言葉で、生野菜を食べるのを奨励。まるで現代同様、野菜摂取のためにサラダを薦めたりするかのようである。

● 中世イタリアでは、バルサミコ酢が発明された

　中世になると、ますますお酢の使い方や知識に磨きがかかってくる。ローマ帝国時代が野菜の健康的調味料としてお酢を見い出していたのに対し、中世ではソースの味や香りを決める調味料として打ち出すことが多くなった。この時代において特筆すべきは、バルサミコ酢の誕生であろう。伝統的なバルサミコ酢は、イタリア北部の都市ボローニャ近郊にあるモデナやレッジョ・エミリアで造られている。バルサミコ酢は、果実酢で、上品でフルーティな風味を有し、甘ずっぱくて濃厚な味が特徴。バルサミコとは、芳香があ

モデナ

レッジョ・エミリア

るの意。木樽で長期間熟成されて造られ、樽を移し替えながら風味を変化させる。その熟成によって茶色を深くした黒色に近い色になり、他の酢にはない甘味ができる。そのためオリーブ油と一緒にサラダにかけたり、イタリア料理では味付けはもとより隠し味としても用いられる。現代でこそ一般的に知られるバルサミコ酢だが、その昔はモデナ一帯を統治していたエステ家が造っていたために貴族しか味わうことができない代物だった。長年生産されていたものの、市場に出始めたのは1900年代と遅く、そのため幻のお酢とさえいわれた。流通し始めた当時でさえ生産量は圧倒的に少なく、あまりにも入手しにくかったので偽造品が世界中に出回ったくらいだ。

　お酢の健康的特性については、中世には様々な記述が見られる。興味深いのは、ペストとの絡みだ。イタリアの医師、トーマソン・ガルボは、1348年にペストが大流行した際に感染予防法としてお酢で手や顔、口を洗うことを提案している。この

方法は欧州中で認められ、腺ペストが流行した時には、病原菌を消毒する手法として多くの人が身体にお酢をかけたと伝えられている。

　お酢とペストの関係で最も有名なのは「四人の泥棒の酢」だろう。これは17世紀のフランスでの出来事だ。ペストの流行により死者が続出した頃、その家や遺体から金品を盗んでいた四人の泥棒がいた。当然、彼らもペストに感染していると思われていたが、意外なことに彼らはペスト菌に感染しておらず、体調を維持していたことがわかった。後に捕まった泥棒に聞くと、お酢やニンニク、ラベンダー、ローズマリー、ミントなどハーブ類で造った消毒剤を用いていたという。この時の調合物が、俗に「四人の泥棒の酢」と呼ばれるもので、今日でもフランスで造られている。

　中世の初めからお酢の効能が幅広く伝わり出し、それとともに消費量は増大していく。各家庭で小規模に造っていたのでは足りなくなり、大規模生産への道を歩み出した。多くのワイン醸造者は、ワインとともにお酢の製造も行うようになった。やがてフランスのロワール川に面し、ワイン集積地として栄えたオルレアンで酢造りに特化した会社が設立される。この会社では、錬金術師と技術者が酢造りを研究。その成果は厳しく隠されていた。その証として今でもフランスでは、理解し難いことを指す言葉として「それは酢造りの秘密です」という。次節で説明するように、後にこの会社でオルレアン法（遅醸法）と呼ばれる製造法が開発された。これが、今日でも使われているのは驚くべきことだろう。

　また、フランスのルイ13世の時代には、大砲を冷やすためにもお酢を使った。熱い鉄にお酢をかけると、大砲を冷たくするだけではなく、表面の金属をきれいにして錆の発生を抑える効果もあったのだ。

　17世紀に入ると英国では、1641年にお酢の大規模生産会社が設立された。そこではエールビールからお酢が造られており、現在でいうモルト酢がそれに当たる。そのため英国ではぶどうよりも穀物から造られたお酢が多く見られる。

3-2 ● オルレアン法とジェネレーター法　世界史編

お酢の大量生産時代へ突入。製造を画期的にしたオルレアン法とジェネレーター法

● 継ぎ足しながら造っていくオルレアン法

　前述のとおり、お酢の効能が明らかになるにつれ、使用量が増大し、各家庭で細々と作られていたのでは足りなくなり、工業生産が必要となった。この需要から、酢造りに特化した最古の企業が、1394年にフランスのオルレアンで誕生している。この会社では、錬金術師と技術者がお酢を造る方法を研究し、厳しく外部へ漏れないようにしていた。この秘密主義は、商業的戦略だけでなく、当時はまだ醸造の仕組みがはっきりとわかっていなかったからである。

　後にオルレアン法と呼ばれるお酢の醸造法は、17世紀にオルレアンでお目見えし、欧州に広まっていき、今日でも使われている。それまでは野外に樽を置いて発酵していたが、この手法では外気温に影響されにくい地下室や半地下室に樽を置いて行う。連続方式とも呼ばれ、横に通気孔を開けた樫樽が用いられた。樽を段にして置き、その樽に通気孔を開ける。冬はストーブで室内を温め、温度変化をできるだけ少なくしてワインを樽でゆっくり醸造するのだ。発酵する前に原料となるワインに、ワインビネガーを種酢として20%ほど添加し、酢酸発酵させる。酸味と風味十分なお酢ができあがると、上部から取り出し、その取り出した分と同じ量のワインを加える。こうして毎週連続してお酢が製造されていく。いわば継ぎ足し、継ぎ足しでお酢を造るやり方だ。最初のお酢ができるまでは数ヵ月を要するが、その後は連続的に行われるためにいつでも発酵槽からお酢を取り出すことができる。樽に入れるワインと完成したワインビネガーは、ワイン粕やブナの削片で濾過する。実はこの手法は、日本で造られていた万年酢（米酢）と同じやり方である。万年酢とは、日本で古くから行われていたお酢

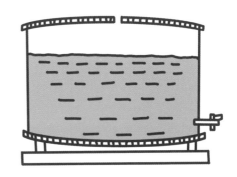

の製法で、使った分量だけ酒と水を加え、常に一定量にして蓄えて使用していた。

● 生産量を飛躍的にアップさせたジェネレーター法

　オルレアン法とよく対比して紹介されるのがジェネレーター法だ。これは18世紀に考え出され、ドイツ人や英国人の手によって改良されて発展してきた。固定化菌体発酵とも呼ばれるもので、発酵容器の中にかんなくずを入れて、そこに付着・増殖させた酢酸菌にアルコール液を流し入れて造る手法である。かんなくずには、たくさんの酢酸菌が付着しており、容器の上からアルコール液を入れると、そのかんなくずを通過する間にお酢ができていき、下からお酢が取り出せる仕組みになっている。この装置の誕生によってお酢の生産スピードは、飛躍的にアップしたのである。ただ、日本の米酢のように糖分の多いお酢は、酢酸菌が菌体の周囲に多糖類の層を作ってしまい、酢酸菌とアルコール液とが接触しにくくなるため継続的に生産することが難しい。欧州では糖の少ないワインが原料のワインビネガーが主なので広く用いられるに至った。

　ジェネレーター法は広く用いられたものの、今では深部発酵法（p.21参照）が主流になっている。深部発酵法は、高い酸度のお酢を製造することができ、発酵温度などの管理が容易なために便利である。ちなみに深部発酵法は、通気撹拌発酵法とも呼ばれ、タンク内に空気を送り込んで撹拌することで酢酸菌に充分に酸素を与え、タンク全体で酢酸発酵を高速で行うやり方だ。この発酵方法が確立されてからは、欧州ではジェネレーター法から深部発酵法への移行が進み、改良が加えられ、酢酸濃度が15%を超える醸造酢が容易に製造できるレベルまで発展している。

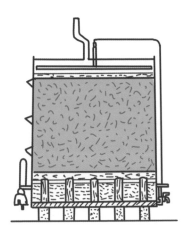

3-3 ● シュラブの誕生

お酢は調味料ではなく、もはや健康飲料へ

● ノンアルコール化の時代にシュラブが躍動

　お酢といえば、真っ先にイメージするのが調味料としての使い方だろう。料理に酸味をもたせるだけではなく、食欲増進や防腐・静菌作用もある。油分の多い料理をさっぱりさせたり、カルシウムを引き出したり、減塩の手伝いをしたり、はたまた素材の色を鮮やかにしたりと多くの効果がある。ところが、昨今ではこんな調理効果にプラスして健康効果が注目されている。元来、お酢は身体にいいとされ、毎日大さじ1杯（15ml）を目安にとるとよいといわれている。ただお酢を単純に飲むのは、なかなか難しく、続けられないと感じる人もいる。そんな人達の心をつかんだのが、お酢飲料（ビネガードリンク、4-8参照）なのだ。お酢には、生活習慣病の予防に役立ったり、疲労回復もあるといわれている。p.60で説明したようにヒポクラテスがお酢の抗菌作用に着目し、呼吸器病や皮膚病の治療に使っていたことからも健康効果は理解できよう。そういった点からもお酢飲料に人気が高まるのも必然的な成り行きかもしれない。

　古くからあるお酢飲料といえば、シュラブだろう。シュラブとは、オスマントルコ時代に作られたノンアルコール飲料だ。フルーツビネガーをハーブなどのボタニカル（植物性のもの）や果実フレーバーづけにしたものをいう。16世紀にイタリアで広まり、1747年にロンドンの『ジェントルマンズ・マガジン』に掲載されたことから広く認知され、それが米国へ渡り、1920年代の禁酒法時代に流行した。冷蔵庫がなかった時代にカクテルなどの割り材としても利用され、保存のきくものとして活用された。それが冷蔵庫の普及とともに消えかかった存在になっていたが、米国では、禁酒法時代にアルコールの代用品として活用されていたために根強く作られてきたようだ。

　時を経てシュラブは、アルコール離れが進む現代に蘇った。英国で火がつき、欧州や米国のバーにてノンアルコール飲料として一躍人気アイテムに躍り出ようとしている。このシュラブを含めたお酢を使ったカクテルであるオルタナティブアルコールも同じ。低アルコール化、ノンアルコール化が進む時代には、欠かせないアイテムであることは間違いない。

　オルタナティブとは、既存のものに代わる新しいものという意味。ここではアルコールに代わる存在としてのお酢カクテルが挙げられる。そもそも酒がひねればお

酢になるのだから、お酢とアルコールは分子構造が似ており、その吸収の仕方も胃で２割、小腸上部で８割と似ていることが理解できるだろう。吸収された酢酸は、血液によって全身に回り、筋肉や肝臓などの組織で代謝されていく。お酢を用いたオルタナティブアルコールを飲むと、汗が出て何となく飲んだ気分になるから不思議だ。ノンアルコール飲料といえば、ノンアルコールビールなどが挙げられるが、お酢を活用したオルタナティブアルコールも同じ理由から、飲みたくても事情があって飲めない人に人気が出るのもうなずける。

『HOW TO MIX DRINKS』

このオルタナティブアルコールにいち早く注目していたのが、米国のバーテンダーであるジェリー・トーマスだろう。彼はカクテルの父と称され、19世紀に活躍したバーテンダー。 30歳代前半で当時の米国副大統領の給料に相当する週給100ドルという高給取りになったほどの人物だ。そんな**ジェリー・トーマスが、1862年に書いたカクテルの作り方を説明した『HOW TO MIX DRINKS』では、157ページから160ページに４つのシュラブの作り方を載せていた。**

　その中の一つ、「ラズベリーシュラブ」のレシピには、酢１クォート、熟したラズベリー３クォートと材料表記されており、一日寝かせた後に１パイントに対し、１ポンドの砂糖を加え、約30分沸騰させながらすくい取る。冷めたところに１パイントに対し、１ワイングラスのブランデーを加えると説明している。シュラブ（ノンアルコール）なのにブランデーが入っているのは、冷蔵庫がない時代なので防腐の意味から使ったと思われる。当時は一回に多くの量を作り、少しずつ使ったと考えられ、レシピにも「コップ１杯の水に対し、２スプーン混ぜたものは、暖かい気候や熱を出した時に最適な飲み物」と補足しているのだ。この本が出版されたのは、日本では幕末期にあたる。すでにその時代からお酢を用いたシュラブに着目していたとは驚かされる。

3-4 ● 中国のお酢　世界史編

中国酢の歴史は、香醋と伝統製法によるもの

中国のお酢は、伝統製法が今も伝えられている

中国では、“酢”と書かずに“醋”と記す。ともに酒から造るとか、酒が古くなったものとの意味で用いる漢字だ。同様に“苦酒”や“醯（「けい」とも読む）”もお酢を意味するものだ。西洋のお酢と、中国や日本のお酢との明らかな違いは、その原料にある。前者が果物系なのに対し、後者は穀物系を使用して造る。穀物から造るから麹菌が必要となる。それが中国や日本のお酢の最大の特徴といえよう。

酒造りとお酢造りには因果関係があると述べてきたが、中国での酒の起源は殷の時代（紀元前17世紀頃～紀元前1046年）以前といわれている。その説を支持するものとして華南鄭州の殷墟に見られる酒造り遺跡と大量の酒具の発掘がある。**中国最古の薬物書『神農本草経』（後に陶弘景が原本をまとめ、500年頃に著した書物）には、「夏の時代（紀元前2000～紀元前1500年）に杜康の息子の黒塔が、父に酒造りを教わっていた時に酒粕を捨てないで置いていたところ、より香りのいい酸ができた」と記されており、どうやらこれがお酢発見の逸話のように伝えられているようだ。『物原類考』（荘頒著）によると、お酢は周の時代（紀元前1046年頃～紀元前256年）には生産されていたそうだ。つまり中国のお酢は、周から春秋戦国時代になるまでには発達していて、王族や貴族の生活や喪礼に欠かせないものになっていたようだ。**周に醯人という官職があるが、この“醯”とは、魚・鳥・獣などの肉を乾かし、細かに砕いて麹と塩を加えて酒の中に漬け込んで100日ほど瓶の中に密閉して造るものをいう。この塩辛のような汁の、酸味が多いものが醯ならば、古代中国のお酢は動物性のものが原料だったのかもしれない。

よく『三国志』などの物語の中で豪傑が甕の中の酒を呑み干してしまうシーンがあるが、古代中国の酒はアルコール濃度が低いからそんな呑み方ができたのだろう。このことから考えると、古代中国の酒は、酢酸菌などによって酸化されやすかったと思われる。前漢時代（紀元前202～紀元８年）の『法言』にも「儀式が長引いて終わった頃には酒がすっぱくなっていた」との記述があるのもうなずける。『三国志』でいえば、物語の主役の一人である曹操（魏

の創始者、詩人としても有名）は、彼の詩文（短歌行）の一節に「何以解憂　唯有杜康」（何を以て憂いを解かん、ただ杜康有るのみ）と詠んでいる。ここでいう杜康とは人物ではなく酒を指す。杜康は、中国で初めて酒を造った伝説上の人物だが、中国では広くお酢も杜康の発明であると認められていたようだ。「醯」や「苦酒」は、お酢の古語であるが、『斉民要術』（北魏の賈思勰が著した中国に現存する最古の農書）には、「酢、今醋也」と書かれており、これによると北魏では"醋"の呼び方が多くなったことがわかり、それが今に至っていると思われる。

　ともあれ、中国のお酢は今から約3000年前に端を発していたとされる。『斉民要術』は、古代の酢の製法や風俗を知る上で興味深い書物である。そこには23種類ものお酢の製法が載っている。この頃のお酢の製法の特徴は、並行複式発酵（糖化とアルコール発酵を同時に行う）と固体発酵だ。ここでいう固体発酵とは、液体でお酢を造った後に麩を入れて、そこでまた発酵させ、最後に水で抽出する造り方をいう。こうして造るから色が悪くなり、エキス分の高いお酢ができるのだ。これらのお酢の造り方は、時代とともに細く長く伝えられていき、今もほぼ同じような方法で造られている。中国酢を代表する清徐老陳醋や鎮江香醋、四川保寧麩醋などが伝統的製法で今も醸造されているのは、中国酢の特徴といえよう。

　唐の時代（618〜907年）になると、一般的なお酢醸造が盛んになる。『新修本草』には、米酢、麦酢、雑果物酢の記載があり、薬酢作成法やお酢の医療効果も紹介されている。その後の宋の時代（960〜1279年）では、酢の製法として麦黄酢法も広まった。また明の時代（1368〜1644年）の『本草綱目』には、薬酢の紹介も載っている。明代から元代のお酢は、米、大麦、麩、酒粕を原料とするもので蒸米から造る黄麹が多く使われているようだ。元代（1271年に中国を統一し、1368年に滅亡）に書かれた『農桑衣食撮要』（魯明善著）には、紅麹によるお酢も紹介されており、福建永春県の永春老醋は今もこの伝統製法を受け継いでいる。

●鎮江香醋・老陳醋・永春老醋が三大名酢に

現在、中国で造られているお酢は20種以上ある。そのうち有名なのは、山西省の老陳醋、江蘇省の鎮江香醋、四川省の四川麩醋と四川保寧醋、福建省の福建紅麹老醋（永春老醋ともいう）の5つであろう。鎮江香醋・老陳醋・永春老醋は中国三大名酢、そこに保寧醋を加えると四大名酢といわれている。

　中国では、やはり香醋が有名だが、香醋とは醸造酢の一つ

で、餅米から造るお酢の呼称である。お酢の色が黒くなるのが特徴で、一般的なお酢と比べると、香りが高く、まろやかな酸味が得られる。加熱しても香りがなくならないから調味酢や料理酢として幅広く利用されている。日本にも黒酢があるが、中国の黒酢との違いは、原材料である。日本が玄米、糠のついた精白米や大麦で造るのに対し、中国のそれは餅米を使用する。餅米を発酵させて酒を造った後に籾殻を加えて攪拌し、酢酸菌で酸化させる。籾殻を入れるので変色し、独特の黒色になる。ものにもよるが、半年から数年かけて熟成するので一般のお酢のような刺激味が薄れ、アミノ酸による濃厚な風味が付いて香りもよくなる。

　香酢の中で最もポピュラーなのが前出の鎮江香醋だろう。このお酢は、江蘇省鎮江市の名産の黒酢で1850年から生産されている。酒粕の生産が限られていたので、餅米を原料にして造るようになった。日本では中華料理店でよく用いられているため、そのラベルを目にする機会も多い。江蘇省には、上海蟹という名物があるが、蟹身を、細切り生姜を加えた鎮江香醋につけて食べるのをよく目にする。つけダレとしては、日本では小籠包にも用いられるし、中国では水餃子のタレとしても活用されている。ちなみに中国では、餃子といえば、水餃子か、蒸し餃子を指す。日本のように焼き餃子にすることはほぼなく、ラー油を加えた酢醤油というつけダレも日本独特のもの、中国では黒酢のみで食すのが一般的だ（p.52参照）。ところで江南地域では、酸味を加える調味料として鎮江香醋が使われることが多い。代表的料理としては、無錫の名物「無錫排骨」。いわゆる甘辛く味付けした豚のスペアリブである。これに似たものとして日本でもポピュラーな料理に酢豚があるが、独特の香りと酸味が利いた黒酢の酢豚には、よくこの調味料が使われている。

　もう一つ黒酢としてポピュラーな中国酢が老陳醋。黒酢の中でも最も歴史があってその起源は3200年前といわれている。名称にある"老"は、お酢の製造が古いという意で、"陳"は熟成保存される期間を指す。つまり長く熟成したとの意である。山西老陳醋は、山西太源にて生産されている黒酢。1600年代半ばに王来福がお酢の製造工程を改良して造ったもので、「酸は綿のように柔らかく香りよく、色が美しい」と称賛されたようだ。高粱を原料に大麦から製麹された大麹を用いて造っている。伝統的な並行複式発酵で、酢酸発酵は副原料として、粟、きびの皮などを添加した固体発酵によるもの。色は濃い紫色または黒色を帯びたものになる。清徐老陳醋は、太源の郊外にある清徐県でしか栽培できな

い高粱を原料にしている点が、同じ黒酢でも他のものと決定的な違いを生んでいる。高粱とはモロコシのこと。中国の伝統的な雑穀でミネラルや食物繊維を多く含んでいる。清徐老陳醋は、じっくり熟成させて造っているだけにまろやかな酸味とコク深い味、独特な香りが特徴的。炒め物の他に、卓上調味料としてよく活用されている。

永春老醋は、福建省永春県で産され、別名を「烏醋」と呼ばれる。これはカラスのような黒さの意である。光色のある黒で、酸味の中に甘味があって香りには爽やかさもある。北宋時代（960～1127年）にできたお酢で、餅米、晩稲、紅麹、砂糖、胡麻を用いて造っている。紅麹による糖化の後にアルコール発酵、酢酸発酵を行って製造する。甕の中に竹籠を入れて酒液を取り出すのは『斉民要術』に見られる方法と同じである。酢酸発酵は自然に混入する酢酸菌を利用している。製品自体は日本はもとより東南アジアにも輸出されているが、輸出したのが遅く、日本では鎮江香醋や山西老陳醋ほどメジャーではないようだ。

MEMO

column

どんな偉い人にとってもお酢はすっぱい！

儒教と道教と仏教が一致した真理とは…

　四字熟語に「三聖吸酸」という言葉がある。これは、書家としても知られる儒教の蘇軾（蘇東坡）と道教の黄庭堅（黄山谷）が、金山寺の仏印禅師（仏教）を訪ねた時に桃花酸というお酢をなめて、ともに顔をしかめたとの逸話からできたもの。話自体は、架空のエピソードだが、三教一致を風刺したものとして寺社での彫刻や屏風絵にそれが描かれている。この話は、宗教や思想が違っていても真理は一つ。どんな聖人でもお酢をなめればすっぱいとの意見は一致していることを指している。

　この三聖吸酸には、異なる人物のバージョンもある。それは、儒教が孔子、道教が老子、仏教が釈迦になっているもの。人物は変われども言っていることや図柄は同じで、教えが違っても「お酢がすっぱいのは皆同じ事実」を意味しているのだ。

　三聖吸酸を三酸図ともいうが、東洋画の画材としてよく使われている。雪舟も「扇面三聖吸酸図」を描いているし、安土桃山期の絵師・海北友松の「三酸・寒山拾得図屏風」にも見られる。海北友松のそれは、六曲一双の図屏風で、左が三酸図、右が寒山拾得図になっている。三酸図では、大きな甕を囲んで仏印禅師と黄庭堅、蘇軾が桃花酸をなめて酢のすっぱさを共感している様子が描かれている。ちなみに彼らがなめた桃花酸とは、桃から造ったお酢のことだろう。「壺中に満々とあって桃の花のようにほのかに赤い」とされているようだ。

イラストは小倉ヒラク氏提供。

3-5 ● 古代〜平安時代　　　　　日本史編

和泉国（いずみのくに）に伝わったお酢造りが平城京・平安京で発展

● 我が国の最初の記述は、和泉国から

　前節までにも述べたが、日本においてもいつの頃からお酢が造られてきたのかはわかっていない。ただ酒ができて、それがひねれば、お酢が自ずとできるわけだから酒造りと酢造りの歴史は同じと考えていいだろう。日本では、縄文時代（紀元前1400年頃〜紀元前3〜5世紀）の遺跡から酒壺や酒槽、酒器などが発掘されているため、その時代から酒があったとわかる。3世紀に中国で書かれた『魏志倭人伝』（ぎしわじんでん）には、弥生時代（紀元前3〜5世紀〜紀元3世紀中頃）の人は、米の酒を醸（かも）し、飲んで歌って踊るのが好きだと記されているので、日本ですでに酒造りが行われていたと考えられる。一般的に最初の酒として考えられているのは、神事伝承による口噛（くちかみ）の酒。ご飯を口に含み、唾液の糖化酵素によってデンプンがブドウ糖に分解されてできるものに、野生酵母が作用してアルコール発酵し、酒になるのだ。古代の人は、それをお神酒（みき）として神様に供えていたようだ。

　お酢における最も古い伝承があるのは、応神天皇の時代（4世紀後半〜5世紀前半）。中国から漢字や養蚕、造船技術などとともに酒を造る技術が伝えられ、その時一緒にお酢を造る技術も伝来した。渡来した人達が和泉国（現在の大阪府南部）に住み、お酢を造り始める。ここで造られたお酢は、「いずみす」とも「苦酒」（からさけ）とも呼ばれている。苦酒とは、酒造りの失敗作と考えられていたようだ。

● 万葉集に二杯酢を楽しみにする歌が

　奈良時代（710〜794年）に入ると、お酢は都では流通していたようだ。平城京跡から出土した木簡には、酢、中酢、吉酢、酢滓の文字が、古文書にも酢滓（酢槽）、市酢、交槽酢の文字が見られる。このうち吉酢は、上等なお酢を指している。お酢は、この時代には塩や醤と並ぶ調味料として使われていたことがわかる。

　『養老令』には、宮中での食を司る官職の一つとして造酒司（みきのつかさ）という役所（醴酒（あまざけ）やお酢を造る所）があった。酒やお酢は、天皇の供御や宮中での儀式・饗宴（きょうえん）に供すものなので醸造には厳しい基準があったと思われる。

　「酢」という字の最も古い記述は、平城京遷都まで16年続いた藤原京跡の木簡に見られる。また平城京跡から出土した木簡には中酢と記されており、当時のお酢に上中下のランクがあったといわれている。臭酢もあってこれは質の悪いお酢を意味

していた。正倉院の文書の史料には「三百七十八文買酢一斗四升　升別二七文」と書かれており、お酢の一升あたりの値段は、米の約３倍で、高価だったことが想像できる。当時は、醤や未醤、お酢が市で売買されていたようだ。これらの何種類かを小皿に入れて並べ、好みによってそれらを食品につけて食べていた。調味料というよりもつけダレに近い感覚であろう。

　万葉集の中でお酢にまつわる面白い歌がある。それは「醤酢に蒜搗き合てて鯛願ふ吾にな見せそ水葱の羹」。つき砕いたニンニクに醤と酢を混ぜたもので鯛を食べたいと思っていたのだから、ミズアオイの吸物など見せてくれるなという意味を謳ったものだ。醤酢とは今の合わせ酢のようなもので、ミズアオイは葱の一種。それくらいお酢を用いたつけダレを好んでいたのに羹（野菜などを煮た汁）が出てきてがっかりした様子がうかがえる。ここで興味深いのは醤酢という表現。これはお酢と醤を混ぜた二杯酢のようなもので、合わせ酢が登場した文献としては初めてのものであろう。

　出土した木簡には、酢漬けの鮎と読み取れるものもあって、当時の人は、お酢に浸しておけば腐らないとの効果を知っていたのだろう。お酢以外にも芥子、山椒、生姜、ニンニク、ワサビが消毒・殺菌に用いられていた。

二杯酢

● 塩梅類と呼ばれる調味料

　平安時代（794〜1185年）に入ると、調理技術はグンと発達していく。焼物、汁物、蒸物、茹でもの、煮物、寒、和え物という、現在の基本的な調理が出揃った形になる。屯食（握り飯や粥）も登場し、生菜や魚の膾も生まれてきた。「なます」というと、今の紅白なますのようなお酢を使った和え物を想像するが、そうではない。「膾」とも「鱠」とも書き、当時は今の刺身のような料理をそう呼んだ。昔は生魚や生野菜を細く切ってお酢に漬けて食べていたのである。

　９世紀初めに最澄や空海が中国より帰ってきて天台宗や真言宗を伝えると、その影響は貴族へと及び、食事作法が生まれた。奢侈化（度が過ぎて贅沢なこと）が進み、それとともに調味料も発達したようだ。興味深いのは、塩梅類と呼ばれた食卓調味料である。奈良時代の所でも触れたが、身分の高い人を招いた饗宴には、四つの調味料を用いた。そこには四枚の小皿（四種器）があり、各々にお酢・酒・塩・醤が入れられ、干し物や生ものをそこにつけて食したという。一方、身分の低い貴族は、塩とお酢だけで食べたとされる。

　このように様々な文献から豪族（貴族）がお酢の自家生産を行っており、料理に活用していたのが読み取れる。平安時代中期に書かれた『延喜式』には、陶器の壺で米酢を造った製法が記されている。お酢は、何も米酢だけではない。粕酢漬けなどの漬物も充実してくる。酢粕は、お酢を造った後に残るもので、アルコールをあまり含まず、旨味成分が多い。その酢粕を草醤（野菜や野草を塩などで漬け込んだ漬物）に使っていた。草醤は、奈良時代にもあったが、平安時代に入ってますます漬物づくりが盛んになり、瓜・茄子・蕪などの粕酢漬けも登場してくる。また、**菖蒲酢の記述も見られる。これはお酢に菖蒲を漬けたもので、今でいうハーブビネガーだ。菖蒲酢だけではなく、梅の実の酸味を利用したものも出てきている。**

　ただ平城京では、都の市でお酢が売られていたが、平安京にはそれを示す資料はない。平安京では、東西に市が立ち、油・米・塩・醤・魚・干魚は売っていたとあるが、お酢が文献には見当たらない。もしそれが本当なら庶民はお酢を自家製でまかなっていたのかもしれない。『延喜式』に「酢一石（約180ℓ）を造るための材料が、米六斗九升、米麹四斗一升、水一石二斗」とあり、6月に仕込み、10日ごとに醸すことを四度繰り返したとも書かれている。また、当時は桶や樽がまだ存在せず、壺で造っていたと思われる。

3-6 ● 鎌倉時代〜室町時代　　　日本史編

いよいよお酢大量生産へ。料理の充実期を迎えた室町時代

● 禅宗の影響もあって調味料使いが拡大

　鎌倉時代から室町時代にかけては、調味料が画期的変化を遂げた時期でもある。公家文化が久しく、奢侈になりがちだった風潮を嫌って鎌倉の武家政権は質実剛健を尊ぶ気風からどうしても食習慣は粗野になりがちだった。だからといって食文化は衰退したのではなく、中国（禅宗）の影響も受けながら発展していく。特筆すべきは、湯浅（和歌山）で日本の醤油が誕生したことであろう。詳しくは後で述べるが、禅宗の僧が中国から金山寺味噌の製法を持ち帰り、故郷（湯浅）の寺で製造し始めた。その樽底に沈殿した液汁が醤油である。和食に欠かせないお酢・醤油・味噌、この三つがこの時代に出揃ったわけだ。

　南北朝時代に著された、日常生活に必要な用語や一般常識を教える手引書として『庭訓往来』がある。この本の「四月状、返」の中に、全国から集まる物産として、能登釜・河内鍋・備後酒・和泉酢・若狭椎・宰府の栗・宇賀の昆布が挙げられている。和泉酢は、前にも述べたように応神天皇の頃に中国からお酢造りが伝わり、和泉国（現在の大阪府南部）で造り続けられたもの。応永年間（1394〜1428年）には、和泉国の近木庄（現在の大阪府貝塚市）に朝廷に献上するお酢を造る職人がいたとの記述も残っている。伝統があるからか、和泉国には質のいいお酢を醸造する技術があったとわかる。また同書「五月状、返」には「みそ、醤、酢」と書かれており、お酢は手習いの本の必須の語彙として位置づけられていて、誰もが欠かせぬ調味料だったようだ。「十月状、返」には、精進料理として酢漬茗荷や差酢若布といったお酢を用いた副産物も書かれている。

　醤油もそうだが、この時代は食文化もさらに発展し、室町時代の『尺素往来』では、猪・鹿・羚・熊・兎・狸といった四足ものが食べられていたことがわかる。調味料が発達したこともあって生ものの調理が出てきた。膾は、魚介類に限らず雉などもあったそうだ。ただ当時は膾と和え物の区別がそこまでない。ちなみに膾は細く切った生魚をお酢に浸したもので、和え物とは、魚介類や野菜をお酢、味噌、煎りゴマで混ぜ合わせたものを指す。室町時代の料理書『四條流庖丁書』には、刺身の供し方が書かれており、山葵酢・生姜酢・蓼酢・実芥子酢の五つの合わせ酢で食べるとある。どうやら魚の味によってそれらが使い分けられていたようで、香辛料にも消毒・解毒作用があってお酢と合わせることで二重に効果を期待していたこと

がこの記述から読み取れる。

● 本膳料理が普及し、食事が儀礼化

　室町時代には、今の日本料理の原型を成す本膳料理が誕生した。**本膳料理とは、武士が客をもてなすために一つ一つを膳に載せて供したもの。室町時代に確立し、江戸時代で発展した。食事に儀式的意味あいをもたせたのが特徴でもある。**この本膳料理から派生したのが懐石料理や会席料理だ。この二つは今でも存在するが、間違った使われ方をしているケースがあるので、少し説明を加えておく。懐石料理は、茶会で提供される軽い料理のこと。修行僧が空腹を凌ぐために温めた石を懐に入れたことに由来する。そのため内容は簡素で一汁三菜が基本だ。一方、会席料理は、お酒と一緒に楽しむ宴会料理で、ハレの日に食べるものなので、現在料理屋で提供されている豪華な食事は、正しくは"会席"の字を書かなければならない。

　本膳料理は、明治時代以降は廃れるのだが、当時はもてなしの料理として広く用いられた。基本は一汁三菜で、その内容は飯・香の物・汁・膾・煮物・焼物。ご飯と香の物は数えないので一汁（汁）三菜（膾・煮物・焼物）と呼ぶ。図3-1に本膳料理を示す。

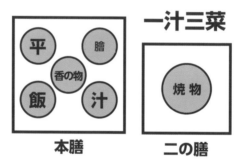

図3-1　本膳料理は基本が一汁三菜。本膳の右に二の膳を配して提供する。二の膳には焼物のみが載っている。

　本膳内の平とは煮物のことで、平たい椀に盛ることからそのように呼ばれた。二の膳を右に置き、焼物だけを載せる。宴席にこれが供されるのだが、その時によって二汁五菜になったり、三汁七菜になったりする（図3-2、図3-3を参照）。食べ方のルールとしては、同じ皿の料理ばかりを食べ続けないことや、ご飯と料理を交互に食べるなど、今の子供に教えるような食べ方がこの時代からあったとわかる。蛇足ながら三汁七菜にある与の膳（焼物）と五の膳（引き物）は食べずに折り詰めへ入れて持ち帰る。結婚式に出す引き出ものはこの持ち帰り用の引き物からきている。

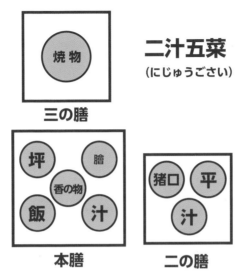

図3-2　二汁五菜の場合は、本膳の右に二の膳を配し、そこには汁と平と猪口（ちょく）が載っている。猪口とは器の名で猪の口に似ていることから名づけられた。酒の杯や醤油の器を指す場合と、和え物酢など小さな器の料理を指す場合がある。焼物は、三の膳として本膳の奥に配する。本膳にある坪とは、平と同じく煮物のこと。二の膳に煮物が載る時は、本膳の煮物を坪と呼ぶ。

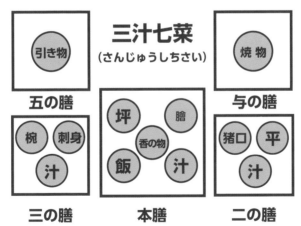

図3-3　三の膳の刺身とは、魚の刺身をいう。椀とは、椀盛りの煮物汁である。与の膳の焼物は三汁七菜に数えるが、箸をつけずに折り詰めに入れて持ち帰る。五の膳の引き物も同じくお土産用。ただし、これは三汁七菜には数えない。

● 酒に火入れすることで、お酢造りの技術が向上

室町時代末期の『七十一番職人歌合』は、142種もの業種の職人の立場で詠んだ

歌を歌比べのように紹介している。この71番目にお酢を売る男の絵が描かれているのだ。酒造・魚売・餅売・油売と食にまつわる商人や職人が19種紹介されている中で醸造職として描かれているのは、酒造と酢造だけ。この二つが重要な仕事として位置づけられていたことを示す例でもある。室町時代には、米の生産量の増加に伴い、お酢の生産量もグンと増大した。これまでは、自家製が主流だったのが、販売用のお酢も造られるようになり、身近な調味料になったのだ。

室町幕府が弱体化し、戦国の世に突入すると、各地で下剋上が起こり始める。この下剋上の風潮が食文化に多大な影響を及ぼす。それまで続いた階級的食事から解放され、応仁の乱（1467〜1477年）以降は、三食食べる習慣が広まった。古代以来、朝夕の二回とした食事が、平安期から鎌倉期には、武士は平時に二食、戦時には三食とっており、それが戦国の世では一日三食へと変化。そして江戸期には、その形が庶民にまで定着するのである。

戦国時代には、酒造りにおいて画期的な技術革新が起きている。それは、火入れの実用化だ。火入れの記述は、奈良・興福寺の『多聞院日記』（1478〜1618年）に見られる。酒に火入れするのは、酒を腐らせないための処理。低温で加熱することで風味を損なわせないばかりか、殺菌効果も出てくる。『多聞院日記』には、「夏に向かって酒が腐りやすくなったので火入れした」と書かれている。酒が腐るとは酒のもろみに乳酸菌や酢酸菌が混入し、乳酸や酢酸ですっぱくなることで、酸敗とも呼ばれる。それまで酒は、酸敗してしまうことが多々あり、それがお酢の発見へと繋がっていったわけだが、腐る心配がなくなれば酢造りはもう酒に頼ることができない。そこで、酢造りは酒から分離され独立したようだ。このことによってお酢造りの技術が向上したともいえる。

3-7 ● 江戸時代

文化が成熟した江戸期には、お酢使いも多岐にわたった

● 調味料としてのお酢の存在感

　日本の料理において、調味料の使い方はもとより様々な調理法ができて、劇的変化をもたらすのが江戸時代である。現代の日本料理の多くが江戸時代に完成したり、その原型を形成していると言っても過言ではない。料理が充実するということは、それだけお酢の消費も高まってくる。さらに現代と同じように料理本が多く出版されていたために史料も豊富だ。日本料理研究家で、江戸懐石近茶流宗家でもある柳原尚之氏は、江戸期の出版物を中心に調査し、お酢の使われ方について論文を書いている。その論文によると、江戸時代に出版された33冊の料理本を検証すると、調味料の使われ方に変化が生じているのがわかる。**江戸時代を通してそれらの本の中にお酢が1371回出てきていて、醤油の出現数を上回っている。ところが江戸時代前期でのお酢の出現数は、醤油の約1.5倍あったのに対して、後期での出現数はお酢（890回）より醤油（995回）の方が上回っているのだ。**醤油は鎌倉時代に湯浅で誕生しているものの、全国的普及は江戸時代に入ってから。江戸時代初期には、関東ですでに広まっているが、江戸っ子の嗜好に合う醤油ができてくるのは江戸時代後半に入ってからだ。野田や銚子で醤油が造られ、それが江戸市中にもたらされたことから醤油の価格も下がり、広く料理に使われ出した。柳原氏は「高塩分である

二六夜待ち　江戸時代のお月見行事。特に高輪から品川で行われたものは、多くの料理屋が出て盛大に行われた。
歌川広重「東都名所 高輪二十六夜待遊興之図」

醤油が普及したことで、お酢に保存性の役割を頼る必要がなくなり、利用度が減った」と述べている。醤油の存在が関与しているのか、膾と刺身の違いもより明確化してくる。魚や野菜を細く切ったものを膾と呼んでいたが、この頃には、膾は酢料理を指すことが多くなり、生の魚介類をお酢に漬けて食べていた、いわゆる刺身と呼ばれるものは酢よりも醤油につけて食すように習慣化されたようだ。柳原氏は、「魚などの肉を細く切って、切り身の中心まで酢が染み込みやすく保存性を高めたのが膾で、大きめに切って保存性が低下したのを刺身と言っていたようだ」と分析している。柳原氏の調査によると、お酢を使ったものでは、膾が一番多く出現しており、お酢料理全体の43.9%を占めているそうだ。次いで刺身が12.4%と多い。煮物においては旧来から多かった掛け酢の他に、加熱調理時にお酢を加えるやり方が多く出てきている。調理時にお酢を用いるものとして「すいり」と呼ばれる調理がある。漢字にすると「酢煎」と書く。脂の多い魚を煮る時に最後にお酢を加えて生臭さを消して淡泊にする調理法をいう。これは何も江戸期に始まったわけではなく、平安中期にもあったもので、代表的料理として鰯のすいりなどがある。『料理物語』（1643年）では、「だしに塩を入れて煮て、出す時に酢を少し加えるとよい」と記されており、鯵・鯖・鰹にいいとされている。すいりには、大きく分けて二つの手法がある。一つは、塩・醤油などで調理した、だしの中で魚を煮て、仕上げにお酢を加える方法。もう一つは、鍋にお酢と塩などを入れて煮立てた中に魚を入れるやり方。後者は現代の鶏のさっぱり煮（鶏の手羽元を酢と醤油で煮込んだ料理）と同じ作り方だ。さらに熱したお酢を掛ける調理法もある。熱酢掛けとも呼ばれるもので、熱した酢を掛けることで加熱殺菌と加熱調理の二重の効果が得られるようだ。この熱酢掛けは、膾に用いられる手法である。

● 天下の名酢と当時の合わせ酢

ところで江戸時代は、徳川幕府による類を見ない長期政権で、開幕の1603年から明治元年となる1868年まで260年以上続いている。文化が成熟するのは元禄期（1688～1704年）以降で、江戸時代初期は、まだ安土桃山時代の文化を引きずっており、その中心はむしろ京・大坂の上方だった。元禄文化も上方で花開いた華やいだものだ。特に大坂は、商業の発展が目覚ましく、それまでの貴族中心の雅な文化とは一線を画していた。元禄期に書かれた『本朝食鑑』（1697年）には、こんな一節がある。「お酢は諸州の家々で盛んに造っている」そして「昔から和泉酢を上としている」とあって、その和泉酢は、今も盛んで四方へ贈り、都市で販売しているが、三年経ったものが一番よいとされ、「その色は、濃い酒のようで、味は甘く甚だ酸い」

と表現しているのだ。和泉酢について
は、すでに紹介してきたが、同書には
「相州の中原の成瀬氏が造るものが第
一等で、駿州の吉原善徳寺で造られる
もの…」と他地域にも名産品と称され
るお酢ができていることも書かれてい
て興味深い。ただし、「いずれも泉州
の醋（酢）の法に基づいてこれに色々
工夫を加えたもの」とあり、いかに和
泉酢が評価されていたのかがわかる。

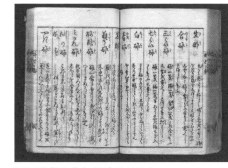
江戸時代の合わせ酢のリスト

ちなみに中原酢とは、成瀬五左衛門が製法をもたらしたものであり、後に成瀬酢と
も御所酢とも呼ばれた。徳川家康が味わったという善徳寺酢とともに江戸城御用達
になっている。関西でも摂津・兵庫の北風酢や、紀之国の粉河酢が有名だったよう
だ。

　『本朝食鑑』には、夏の土用中に玄米を用いて仕込む速成酢（六月酢）の製法や
万年酢と呼ばれた酒酢の製法も載っている。このように当時には、すでにお酢の名
産品が出揃い、酢売りが本格化していたようだ。そして庶民間にも酢の物が定着し
た。さらにお酢に塩や醤油、砂糖などを用いた合わせ酢ができ、料理が充実してい
く。『料理早指南』（1801～1818年の間に刊行）には、「酢の物の部、加減の事」と
して、煮かへし酢・合酢・三杯酢・七杯酢・白酢・青酢・黒酢・蓼酢・砂糖酢の合
わせ酢が挙げられている。中でもよく使われていたのが合酢（二杯酢のこと）と三
杯酢だったようだ。今でもよく使われる酢味噌も合わせ酢の一種として活用された。
合わせ酢に味噌を使うようになり、その幅は広がった。当時最も種類が多かったの
は酢味噌のようで、青のり酢味噌や金山寺酢味噌、柚子酢味噌などが挙げられる。

『料理物語』（1643年）や『料理早指
南』が出版された時代には、お酢は酸
味づけ（すっぱくするため）のために
用いることが多かったようだが、『素
人包丁』（1802～1854年）が出た時
代以降は、お酢の調理効果も期待して
使うことが多くなっている。化政文化
で料理が進化し、お酢の市販品も増え
たことで、お酢の調理での役割が一つ

素人包丁

上がったと思っていいだろう。

● 握り寿司の誕生と半田の粕酢

　お酢にとってエポック的な活用となるのが、江戸後期に誕生する握り寿司だろう。握り寿司については、この後の「お寿司」の章で詳しく述べるが、延宝期（1673～1681年）には、お酢をご飯に振り掛けて混ぜ合わせるだけの、いわば即席の早ずしが考案されていたようだ。元禄期頃になると、早ずしが登場している。この早ずしが、文化文政期（1804～1830年）に江戸で流行した。その後、早ずしが酢飯と鮮魚を合わせて握るという握り寿司に変化する。これは、まどろっこしいことが嫌いな江戸っ子らしい変化だろう。握り寿司の誕生は定かではないが、華屋與兵衛が大成させたと伝えられる。安政期（1855～1860年）までには、江戸の町で箱詰めの寿司に代わって握り寿司が主流になっていた。

　この握り寿司流行に関与したのが粕酢だ。当時は、握り寿司誕生ばかりか、工業的用途（p.85コラム参照）もあって米酢が不足していた。そんな状況下にミツカンの創業者中野又左衛門は、尾州半田村（現在の愛知県半田市）で熟成した酒粕を原料に粕酢を開発、それを弁才船にて江戸に運んで出荷した。米酢不足だった江戸で半田の粕酢が評判となり、寿司職人の間で使われ始めたのだ。粕酢は、米酢に比べてコストが低い上、まろやかで、麹の香りも少ない。長期熟成のため色が濃くなることから現在では赤酢と称され、コクと酸味が寿司飯に合うため、今でも首都圏で寿司飯に多く使われている。

　p.36コラムでも述べたように、酢造りと酒造りは両立しない。酢造りに利用される酢酸菌は、酒造りには大敵。もろみの中に入ってしまうと、腐造を起こす危険すらあるからだ。そのため代々酒を造ってきた中野又左衛門が、粕酢を造ったのは画期的なことだ。中野家は、幕末の元治元年（1864年）には、酢造り一本に転換しているが、それまでは酒造りと酢造りを両立させていた。当時としては、かなり高度な微生物管理がなされていたと思われる。

3-8 ● 明治時代以降　　　　　　日本史編

劇的に変化した近代の食酢醸造〜明治期から現代への変遷〜

● 合成酢の出現により、食酢醸造業は大打撃

　日本の歴史では、明治時代になって西洋化が大きく進んだ印象を受けるが、食酢業界については、明治中期ぐらいまで江戸時代のやり方から大きな変化はなかった。日露戦争の勝利で西洋列強同様の大国化を果たしてはいるが、相変わらず昔の造り方の米酢、粕酢が主体であった。1873年（明治6年）頃、焼酎を再溜してアルコールを生産したとの記録があるものの、それが食酢原料に用いられるまでには至っていない。1897年（明治30年）頃に本格的にアルコールが生産されてはいたが、価格が高いので原料にできるほどではなかったようだ。

　大正時代になると、台湾でサトウキビが盛んに栽培され、安価なアルコールが出回った。食酢醸造業者は、このアルコールを用いて、米をアルコール発酵させる工程を省くようになった。

　第一次世界大戦中に日本でも石炭を原料にした化学工業が興り、合成酢酸が安価で大量に出回ったことによって、この酢酸からお酢を造るところも出てきている。これは、酢酸を水で薄めて飴などを加えて味付けるといった方法で、合成酢の出現によって、どんな業者でも簡単にお酢が造れてしまうようになり、食酢醸造業者は大打撃をこうむった。しかし1983年（昭和13年）に世情が戦争一色に変わり、国家総動員法が発令されるや、酢酸も統制品となり、大量に出回っていた合成酢は大きな制限を受けた。そのために一時、食酢醸造業者は、回復する兆しを見せるのだが、1942年（昭和17年）に食糧管理法が強化され、翌年には、食酢業界への米の供給もなくなってしまった。

● 深部発酵装置が状況を一変させる

　戦後の復興期に朝鮮戦争の特需も加わり、好景気を迎える。当時は、食酢は樽や甕からの量り売りが主だった。醤油やソースがすでに瓶詰を導入していたのに比べて、食酢の瓶詰は遅かった。1954年（昭和29年）近くになってようやく和桶から角桶へと変化した。丸い和桶はスペースに無駄が出るという理由からの導入である。その頃になると、発酵方法にも大きな変化が訪れた。西ドイツのフリングス社より食酢製造用の深部発酵装置「アセテーター」が開発され、少し遅れて米国のヨーマンズ社で同様の装置「キャビテーター」が開発され、日本でも導入された。深部発酵装置の登場により、合成酢に代わって高酸度醸造酢の需要が増加して、深部発酵が発展

していった（１章参照）。高酸度醸造酢は、深部発酵による連続回分発酵法で造られる。発酵液がある程度の酸度になると、槽内の発酵液の一部を取り出して食酢にし、新たにアルコール原料を足して、次の発酵サイクルを行うというものだ。しかし、それによって生産できる酸度にも限界があった。それを改善したのが1975年（昭和50年）に開発された流加培養法である。流加培養法は、発酵の経過に応じてアルコールを添加していく方法で、発酵液中のアルコールを低い濃度で一定に保つことができる。これにより酸度17％以上の高酢酸酢を効率的に造ることができるようになっている。

1955年頃になると、食生活が洋風化してくる。米酢、粕酢主体だったのが、果実酢が脚光を浴び、バーモントドリンクのブームによってりんご酢が一般に認知され始めた。果実酢が市場に出た頃から調味酢や加工酢も商品化していき、お酢に関連する市場が拡大化した。

一方、1960年以降は「ニセ牛缶」、「牛乳の不当表示」などが新聞紙上をにぎわし、主婦団体の活動など消費者運動が盛り上がりを見せ、1968年（昭和43年）5月には「消費者保護法」が国会を通過した。消費者の食品に対する目が厳しくなり、食品表示に関する規制を求める機運が高まっていった。

こうした世情を背景に、1968年（昭和43年）春、公正取引委員会は食酢の表示と内容が相違しているとの問題が提起されたのを契機に審議を開始した。そして、1970年（昭和45年）3月10日、「食酢の表示に関する公正競争規約」が告示された。1974年（昭和49年）には、JAS規格を制定する動きが高まり、1979年（昭和54年）6月に食酢のJAS規格がようやく告示された。

1997年頃には黒酢ブームが起こっている。健康色をあおった黒酢と名の付く商品が出回り、新聞には「あれもこれも黒酢。黒酢ってどれ？」と記事が載るほどだった。そのような背景からJAS規格が見直され、2004年（平成16年）には、「食酢品質表示基準」と「醸造酢の日本農林規格」が告示された。新JASでは、①合成酢はJAS規格から外す、②使用できる食品添加物の制限強化、③米黒酢の規格などが定められた。

食酢の購入場所が酒屋からスーパーマーケットへ変化するにつれ、容器も一升瓶や五合瓶から500ml瓶へと変化している。当初は「薬瓶のようなものは売れない」と揶揄されたが、消費者に受け入れられてやがてスタンダードになっていった。

JAS801食酢JAS規格の変遷

column

お酢は、食用のみならず。化政文化が生んだお酢の工業用途需要

文化文政期では、外食が盛んで町に変化が

　お酢の消費拡大とそれに伴う粕酢の登場には、11代将軍・徳川家斉を中心とした治世、文化文政期のいわゆる化政文化が関与している。これは江戸時代前半の元禄文化とよく対比されるが、元禄文化が上方で開花した豪商や武士の華やいだものだったのに対して、化政文化は江戸を中心に発展した町人文化を指す。この時代は、江戸も百万人都市に発展、単身赴任する武士を始め、移住者も増加した。そのため江戸の人口構成は、男性の方が断然多いといういびつな社会になった。こういった事情が外食の隆盛を呼んだ。俗に江戸の四大料理（蕎麦・鰻の蒲焼き・天ぷら・握り寿司）は、化政文化を背景に発展したものだ。化政期には食だけでなく、その他の文化も活発になった。読本・滑稽本・人情本にも有名作家が現れ、浄瑠璃や歌舞伎、狂歌・浮世絵でも優れた作者が誕生しているのだ。まさに江戸文化の全盛期とも呼べる時代で、そのせいか、テレビや映画で描かれる時代劇は化政期のものが多い。

　味付けに醤油やみりんが活用されたのもこの時代で、握り寿司の登場や濃口醤油を使った合わせ酢が生まれたことによって、よりお酢の使い方の幅が広がったと考えてもいいだろう。灘の日本酒が下り酒として江戸市中で広まり、それまで屋台中心だった食も店舗型へと移った。1804年（文化元年）に江戸奉行所が調べたところによると、市中に6165軒もの飲食店ができていたらしい。また、1808年（文化4年）に大田蜀山人（狂歌師・戯作者）は「飲食の事は猶さら也。五歩に一楼、十歩に一閣、皆飲食の店ならずという事なし」と書いている。つまり江戸市中には

見立て源氏はなの宴（三代歌川豊国作）。登場人物がお寿司や刺身を食べている様子が見てとれる。

五歩歩けば小さな店に、十歩歩けば大きな店に遭遇すると述べているのだ。江戸が食い倒れと称された所以（ゆえん）であろう。飲食店のルーツは、明暦の大火（1657年）後に浅草金龍山にできた奈良茶飯屋なのだが、化政期には魚・野菜の煮物を食べさせる煮売り屋が登場し、酒と肴を出す居酒屋もできている。ちなみに煮売り屋は、床几（ぎ）を土間に並べただけの簡単な設備で料理を出す店で、衝立で仕切った座敷に座らせて料理と酒を出すのが煮売り酒屋。やがてその形態から発展し、煮売り茶屋や即席料理茶屋ができていく。飲食店形態が主流になると、今でいうグルメガイド本も発刊されるようになる。店をランキングした『御料理献立競（くらべ）』もそうだし、江戸の出張需要を狙った『江戸買物独案内』も大坂で出版されていた。

町人文化が華やぎ、米酢不足に

　お酢の消費というと、誰もが食用での需要をイメージするだろうが、この時代は染色での使用が多かった。文化文政期には、町人の女性の着物が美しくなり、その染色技術に磨きがかかった。紅花から紅の染料を抽出し、着物を染めるのだが、染物の色の定着、つまり色止めにお酢が多量に使われている。当時、お酢といえば米酢だったため、市中で米酢が不足気味になった。江戸のみならず京でも米酢不足は起きている。友禅染めの色止めにお酢が活用されていたのだ。今でも京都に造り酢屋が多いのは、そんな背景からだ。つまりこの時代は、食用よりむしろ工業用途で大量にお酢が用いられていたのである。

　食用でも調味料としてではなくお酢を活用する例は今もある。昆布を柔らかくするのにお酢が用いられている。昆布を酢に漬け、美味しさを引き出し、柔らかくするのがその作業で、今でも敦賀などのおぼろ昆布生産地ではこのような活用の仕方を行っている。それは、すでに江戸時代でも行われており、1799年（寛政11年）に発刊された『日本山海名産図絵（にほんさんかいめいさんずえ）』（木村兼葭堂（きむらけんかどう）の著）には、「酢の食用のひよう使

いなく、紅粉・昆布・染色などに用いること、いたっておびただしい」と記されているのだ。このことでもわかるようにこの時代には、お酢を着物の染色に使ったり、紅花や昆布にも使用している。町人文化が盛んになった時代に、食用だけでなく工業用にも用いたために米酢不足に陥ってしまったのだ。

4章 お酢ってヘルシー！

4-1 ● お酢にまつわる微生物

いい微生物が作用してお酢はできあがる

● 酢酸菌は、お酢づくりの重要な要素

　お酢は、醤油・味噌・酒・ヨーグルトなどと同様に発酵食品にあたる。発酵によって食品を造るには、微生物が大きな役割を果たしている。微生物が生きていくためには、ブドウ糖などの物質を酸化分解してエネルギーを得る必要がある。例えば、ご飯を放っておくと、微生物が付着し、その微生物がご飯を分解していく。あるものは、その分解物からアルコールを生み出し、同時にガスを出す。こうした現象は、嫌な臭いがした場合は腐敗だが、いい香りがして美味しい場合は発酵といえる。つまり微生物による腐敗と発酵は紙一重なのだ。簡単にいえば、**人間にとって役立つ物を生み出すのが発酵で、役に立たない物を生み出すのが腐敗といえよう。**我々は、何千年もの歴史の中で、自分たちに都合のいいことをしてくれる微生物を見つけ出し、それらがよく働ける環境を作ってきた。これが発酵学である。

　多くのお酢は麹菌、酵母、酢酸菌などの微生物の働きでいくつもの発酵を経て造られる。数ある微生物の中でもお酢造りに欠かせないのが酢酸菌だ。

　第1章のお酢の製造工程でも述べたが、お酢づくりは、多くの場合まず酒を造ることから始まる。米酢の場合、米が炊き上がると、麹菌を混ぜる。ここで麹菌が米のデンプンを糖分に変え、この糖分を酵母によりアルコール発酵させ、酒ができあがる。次は酒に酢酸菌を加えてお酢に仕上げていく。**酢酸菌が生きていくためには、アルコール、少しの栄養源、そして酸素が必要で、これらがあれば、酢酸菌は増殖し、やがてアルコールを酢酸に変えてしまう。これがお酢なのだ。ぶどうやりんごなどの果実は糖分が多いので麹菌は必要なく、酵母を与えるだけでアルコールができる。**そこに酢酸菌を加えることで、ぶどうが原料ならワインビネガーができることになる。

　酒に含まれるアルコールは、正確にはエチ

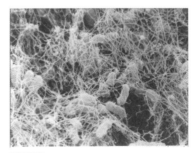

酢酸菌

ルアルコールもしくはエタノールと呼ばれる。したがって酢酸菌は、エタノールと空気中の酸素を反応させて酢酸を作る微生物である。ただし、酢酸菌によって作られるのはお酢だけではない。一時期流行したナタデココも酢酸菌の仲間によって造られる発酵食品なのだ。

$$C_2H_5OH \ + \ O_2 + \ \rightarrow \ CH_3COOH \ + \ H_2O \ + \ 114.6kcal$$
エタノール　　　酸素　　　　　　　酢　酸　　　　水　　　　　熱

酢酸菌が生きていくには酸素が必要なことは前に述べた。だが、酸素がたっぷりある状態では、酵母はアルコールを作ることができない。酵母は、酸素が少ない時に糖分を食べてアルコールと炭酸ガスを出しながら生きていくのだ。酵母の中にはアルコール発酵時にすっぱい味のもととなる乳酸やリンゴ酸を作る仲間もいる。酵母は何も酒造りだけではなく、身近な食品を作る際にも活躍する。その一例がパンづくりで、酵母を使うことで細かい炭酸ガスを発生でき、これを小麦粉由来のグルテンが包み込むことで、パンはふっくらと仕上がる。

● 乳酸菌からすっぱさを得るなれ寿司

「すっぱい」という味の話となると、乳酸菌についても少し触れる必要があるだろう。牛乳をそのまま放っておくと、腐ってしまう。悪い微生物がつくと腐敗するのだが、いい微生物が働くと、ヨーグルトのような食品ができる。いい微生物は、悪い微生物の増殖を防ぐ役目もする。乳酸菌によって作られるのは主に乳酸で、乳酸菌によってヨーグルトの他、発酵漬物も作られており、醤油や味噌の風味にも寄与している。乳酸も酸なので当然すっぱいのだが、味噌や醤油にはそのすっぱさが感じられないのは、濃度が低いことに加えて、塩味や旨味が強いので、すっぱさがマスキングされているからだ。逆に醤油に含まれる乳酸は、塩味を和らげる効果も果たしているくらいだ。味噌や醤油で働く植物起源の乳酸菌は植物性乳酸菌と呼ばれる一方で、ヨーグルトを作る時のように乳製品で働く動物起源の乳酸菌は動物性乳酸菌と呼ばれている。今の寿司の原型でもあるなれ寿司（お酢を使わず、乳酸発酵で酸味を得る寿司、7-1参照）は、米飯を乳酸菌で発酵しているので、植物性乳酸菌が働いていると考えられる。

4-2 ● 防腐・静菌効果

お酢の力で、防腐・静菌！

● お酢には腐りにくくする力が備わっている

　お酢には、料理に酸味をつける以外にも様々な効果がある。その一つが防腐・静菌効果だ。お酢の働きとして食べ物を傷みにくくするのは、昔から経験的に知られており、料理や食品に用いられてきた。例えば、細菌が増殖しやすい夏場の弁当にお酢を用いたおかずを入れたり、ご飯を酢飯に替えたりするのもお酢の防腐・静菌効果を狙った一つのアイデアだ。夏になるとどうしても腐りやすくなり、変な匂いがしてきたり、カビがついたりする。匂いや目に見えることで腐敗がわかればいいが、そうでない場合もあるため、防腐・静菌効果を求めてお酢を使うのがいいだろう。

　食べ物にお酢を１％程度加えるだけで菌の増殖が抑えられる。１％程度のお酢の量ならば、それほど酸味は気にならず、料理自体の味のバランスを崩してしまう恐れもない。むしろ隠し味としての効果が得られるので一挙両得というわけだ。例えば、ハンバーグを作る際に挽き肉にお酢を加えるだけ（150gのハンバーグのタネにお酢大さじ１杯程度）で、焼きあがったハンバーグは傷みにくくなる。

　ある研究では、きんぴらごぼうを25℃で保存すると、48時間後には菌が増殖していたのに対し、お酢0.7％を加えたきんぴらごぼうは、同様の条件下にも関わらず菌が抑えられていたことがわかった。おまけに防腐・静菌効果のみならず、塩味がシャープになったり、味の輪郭がすっきりしたり、油っこさも低減されたりと、より美味しくなっていたのだ。このように、**お酢には油っこさを柔らげる力や、甘味・旨味の切れがよくなるという効果もある**ので、料理に用いたい調味料である。

● キッチン用品にお酢を活用して静菌効果を

　お酢の防腐・静菌効果を活用するのは、何も料理だけとは限らない。洗い物や掃除にもその効果が期待できる。菌がついて残りやすいキッチン回りにはぜひ活用したい。特に細菌の温床になりやすいまな板にはぜひ試してもらいたい。

　まな板は洗剤でよく汚れを落とした後に水洗いをし、熱湯を掛ける。その上に乾いた布巾をかぶせ、酢水をひ

たひたに掛け、１時間置き、水洗いするといい。この酢水にさらに塩を混ぜると効果がアップする。掃除で使用するお酢は、別に口に入れるわけではないので賞味期限切れのものでも可なので、捨てる前に活用しよう。スポンジも洗剤で洗って45℃程度の酢水に浸し、その中で軽くもんで15分以上置くだけで殺菌効果が得られる。お酢は、口に入れても安心なので、それで静菌できるならよりいいと考えるべきだろう。

セレウス菌・サルモネラ菌・大腸菌・腸炎ビブリオ菌・黄色ブドウ球菌などの食中毒細菌は、わずか0.1％濃度の酢酸で静菌できる。一般的なお酢の酸度は４％から５％なので、ほんの少量で静菌効果があると考えてもらえばいい。酢酸はクエン酸や乳酸などの他の有機酸より静菌効果が高い。これは酢酸の微生物の細胞内に浸透する力が強いからである。

キッチン用品の静菌

●まな板
①まな板は洗剤で十分に洗ってその後、水洗いし、熱湯を掛ける。
②乾いた布巾を掛けて酢水（穀物酢1/4カップ＋塩大さじ1/2＋水3/4カップ）をひたひたに掛ける。
③室温（20℃）で１時間以上置き、水洗いして使用する。

●スポンジ
①スポンジを洗剤で十分に洗ってその後、水洗いする。
②45℃（熱めの風呂の温度）以上の酢水（穀物酢大さじ2＋塩大さじ1＋お湯１カップ）をボウルに入れてスポンジを浸す。
③スポンジを酢水の中で軽くもんで、15分以上置いた後、絞って使用する。

4-3 ● 肥満気味の人の内臓脂肪の減少

肥満気味の人に朗報！お酢で内臓脂肪が減少

　近年、お酢の健康効果に注目が集まり、毎日お酢（もしくはお酢飲料）を飲む "お酢活" を行っている人が増えていると聞く。お酢の健康効果は、昔からよくいわれていることで、歴史上でもその逸話が出てくるし、医学界でも注目されている。お酢には、大きく分けて、①肥満気味の人の内臓脂肪の減少、②高めの血圧の低下、③食後血糖値の上昇抑制、④疲労回復の４つの効果が検証されており、さらには減塩にも役立つ。本節では、お酢が身体に良い調味料であることを解説しよう。

● 内臓脂肪の蓄積は、身体への黄信号

　内臓脂肪とは、内臓の周りにつく脂肪のことだ。この脂肪の蓄積により、高血糖や高血圧などを引き起こす。よく耳にするメタボリックシンドロームとは、内臓脂肪に高血圧・高血糖・脂質代謝異常が組み合わさることによって心臓病や脳卒中などになりやすい状況に陥る、いわば身体への黄信号のことなのだ。

　元来、十分に食べて太ることは、人間が生き延びるための一つの方法だったのだが、現代は飽食の時代だ。飽食と運動不足が肥満を助長し、その結果、内臓脂肪の蓄積に繋がっている。日本では、体重（kg）を、身長（m）×身長（m）で割り算して得られるBMI値が、25以上になると、肥満と判断している。糖質や脂肪の過剰摂取によるカロリーの供給過多、食物繊維の摂取不足、遅い時間帯の夕食、運動不足など様々な要因が合わさり、内臓脂肪は蓄積され、余ったエネルギーを溜め込んで内臓脂肪は肥大化していく。

　お酢を毎日継続的にとることで、肥満気味の人の内臓脂肪を減少させる働きがあることが科学的に立証されている。同時に体重、BMI、血中中性脂肪、および腹囲を下げる作用があることも確認されているのだ。例えば、図4-1と図4-2に示した実験では、肥満気味（BMI 25〜30kg／㎡）の人104名を対象に、お酢15ml（酢酸750mg）を含む飲料、またはお酢を含まないプラセボ飲料（お酢の代わりに乳酸で味を似せたもの）を１日１本（500ml）、朝晩２回に分けて12週間毎日続けて飲んでもらい比較を行った。その結果、お酢を含む飲料を飲んだグループの方がプラセボ飲料を飲んだグループよりも内臓脂肪、体重、腹囲、BMI、血中中性脂肪が減少したことがわかった。

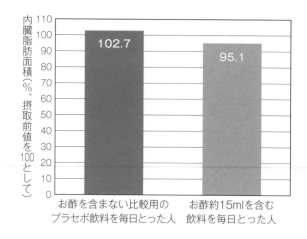

図4-1　お酢の12週間継続摂取による腹部内臓脂肪面
　　　　積の変化

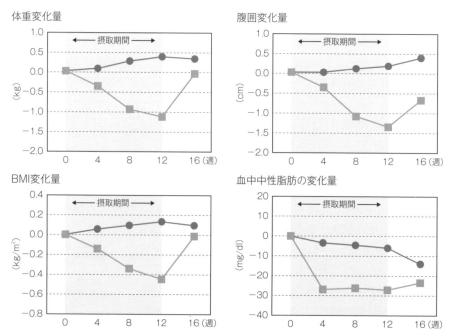

図4-2　お酢の12週間継続摂取による体重、腹囲、BMI、血中中性脂肪の変化　四角はお
　　　　酢15mlを含む飲料を毎日とった人、丸はお酢を含まない比較用のプラセボ飲料
　　　　を毎日とった人

この実験からもわかるように、お酢に含まれる酢酸が、体内の様々な臓器・組織・脂肪に働きかけ、過剰な脂肪を減らす方向に作用していることがわかる。

MEMO

4-4 ● 高めの血圧の低下

高めの血圧が気になったらお酢を

● お酢の酢酸が血圧を下げるのに役立つ

　血圧を測定することで、心臓から出た血液がどれだけの力で血管を押しているのかがわかる。この壁を押す力が強いと、年齢とともに硬くなっている血管の壁が傷ついてしまい、ひいては心臓病や脳卒中への引き金を引いてしまう恐れがあるのだ。

　お酢には、昔から言い伝えや個人の体験談などから高めの血圧を下げる効果があるといわれてきた。昨今は、それが科学的に証明され、医学界でもその効果が注目されている。その一例として、血圧が高め（最高血圧130〜159mmHg、最低血圧85〜99mmHg）の男女に、お酢15ml（酢酸750mg）を含む飲料を1日1本（100ml）、10週間毎朝続けて飲んでもらったところ、お酢を含まないプラセボ飲料（お酢の代わりに乳酸で味を似せたもの）を摂取した人に比べると、血圧の平均値が低下したことがわかった。図4-3のグラフが示すように、10週間摂取後の平均低下率は、最高血圧で6.5％、最低血圧で8.0％になっている。

　お酢が血圧を下げる理由は、その主成分である酢酸の効果にある。酢酸はアデノシンを作り出し、アデノシンは血管を広げる作用をもつことから、血圧を下げることになる。お酢には、カルシウムの吸収促進作用があるといわれ、一酸化窒素の合成を促進させて血管を広げる作用もあるので、これらの複合的な作用によっても、血圧を下げてくれるのだ。

　よく高血圧の人に「塩分をあまりとらないように」とアドバイスすることがあるが、塩分が少ないと、料理の味は美味しくなくなるため、わかっていてもついつい塩分を多めに摂取してしまう人もいるだろう。これまでも述べてきたようにお酢には、酸味をもたせるだけではなく、味を引き立てる役割もある。塩分を減らした料理でも、調理の際にお酢を加えてやることで、味がぼやけたりせずに美味しく食べることができるのだ。

最高血圧の変化

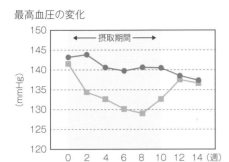

最低血圧の変化

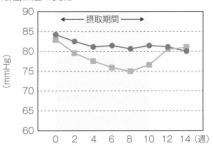

図4-3　血圧が高めの人を対象にしたお酢の10週間継続摂取による血圧の変化　四角はお酢15mlを含む飲料を毎日とった人、丸はお酢を含まない比較用のプラセボ飲料を毎日とった人。

MEMO

4-5 ● 食後血糖値の上昇抑制

お酢効果で、食後の血糖値上昇が緩やかになる！

● 食事と一緒に大さじ1杯のお酢をとりたい

　血糖値とは、血液中のブドウ糖濃度を測定したもので、空腹時には低下するが一定レベル以上に維持され、食後には一時的に上昇する。血糖そのものは、生きていくための大切なエネルギー源だが、急激な血糖値上昇が繰り返されると、糖尿病に繋がる恐れもある。糖尿病になってしまうと、免疫力が低下し、合併症を併発するので実は怖い病気なのだ。だから血糖値の管理は、健常者にも大事なことといえよう。

　大さじ1杯（15ml）のお酢を使った料理や飲み物をメニューに加えると、食後の血糖値の上昇が緩やかになることが科学的に証明されている。例えば、定期的に医療機関を受診していない健康な成人女性を対象に、ご飯（白飯）を少量摂取した後、一方のグループにはお酢15ml（酢酸750mg）を含む飲料を100ml摂取してもらい、もう一方のグループにはプラセボ飲料（お酢の代わりに乳酸で味を似せたもの）を同様に摂取してもらい、その後は自由に飲料を飲みながら10分以内に飲食してもらった。その結果、2時間後まで平均の血糖値の上昇は、お酢をとったグループのほうが抑えられていた。

　次に健康な成人女性を対象に、ご飯（白飯）と一緒にお酢を15ml（酢酸750mg）を含んだワカメの和え物を食べてもらうグループとお酢を含まないワカメのだし醤油和えを食べてもらうグループで比較実験を行うと、45分後まで多くの人の血糖値は、お酢をとった場合に低く抑えられていることがわかった。血糖値の上昇ピークは食後30分だったが、その平均上昇率はお酢をとらなかった場合の87%であった。こういった検証からもお酢が血糖値上昇を緩やかにすることがわかる。

4-6 ● 疲労回復

糖質と一緒にとることで、より疲労が回復する

● 疲労を感じたら甘いものとすっぱいものを

　お酢は、これまで説明した内臓脂肪の減少や高めの血圧の低下、食後の血糖値上昇の抑制に加えて疲労回復にも一役買ってくれることがわかっている。そもそも身体に疲れを感じるのは、体内でエネルギーが不足していることが原因の一つである。エネルギー貯蔵物質のグリコーゲンは、糖分が体内で結合してコンパクト化した物質。運動に限らず、長時間の仕事や勉強でグリコーゲンが減少してしまうと、脂質に比べて燃焼する速度が速い糖分を補給し、代謝させて再補充しなければならない。「疲れた時には、糖分補給を」といわれるのはそういった理由からだ。糖分をとると、腸から吸収されて血液へ移動し、ブドウ糖を全身に届けることで、エネルギー不足だった細胞や脳が活性化され、疲労が回復する仕組みになっている。また、血糖値が高いまま維持されると血管を傷めることから、余ったブドウ糖はグリコーゲンに変換されて肝臓や筋肉に蓄積され、必要に応じて、それからブドウ糖を供給しエネルギーに変えていく。したがって、エネルギー不足にならないようにするためには、糖を供給するグリコーゲンを溜めておかねばならない。

　酢酸は摂取後に速やかにエネルギーに変わる一方で、酢酸とブドウ糖を一緒にとることでグリコーゲンの量が速く増えることが動物実験で示され、お酢が疲労回復に役立つ可能性があることがわかっている。糖分とお酢をとると、肝臓や筋肉のグリコーゲン量が速く上限に達したことから、お酢にグリコーゲンの急速補充の役目があることが見つかり、この酢酸の効果はクエン酸と同等レベルであることも、この試験により示されている。

　また、人を対象として、酢酸の摂取により運動後に感じる自覚的な身体的疲労感が軽減したという研究がある。この研究では、酢酸飲料（酢酸666mgを含む）を摂取するグループとプラセボ飲料（酢酸が54.8mgしか含まれない）を摂取するグループで、7日間にわたり各飲料を摂取した後、50分間連続して自転車をこぐのと同程度の強度（5〜6METs）の運動を行い、運動後30分後および就寝時の身体的疲労感の自覚を調べている。その結果、

酢酸飲料を7日間摂取したグループは、プラセボ飲料を7日間摂取したグループに比べて、運動後30分後および就寝時に感じた身体的疲労感が有意に低かったという結果が得られている。

疲労を感じたら、休息し食事や飲料をとる必要があるが、再び活動する必要があるなら、その際の食事メニューや飲料の中身を見直してみたい。ブドウ糖をエネルギーに変える時にはビタミンB_1も必要なので、この摂取も意識しよう。

夏にお酢をとりなさいと言うのは、すっぱいものを食することで唾液と胃液が出て食べ物の消化を助け、食欲の低下を抑えてくれるからだ。運動後にすっぱいものを欲しくなるのは、クエン酸や酢酸のような有機酸が、速やかにエネルギーに変わることを身体が認識しているからともいえるのではないだろうか。

レモンケーキ

4-7 ● 減塩

お酢で、料理の減塩のお手伝いを

● お酢は料理上手で、調合上手

食塩の過剰摂取は、健康面のリスクが高まるとされ、減塩が叫ばれるようになっている。日本の食生活においては、塩を用いた調味料や食品を多くとる傾向にあり、どうしても塩分摂取が多くなりがちだ。厚生労働省の2020年版の食事摂取基準では、日本人の成人１人１日当たりの食塩摂取目標は、男性が7.5g未満、女性6.5g未満とされているが、2019年の国民健康・栄養調査によると、日本人の平均食塩摂取量は男性10.9g、女性9.3gだった。

元気で健康的な日々を過ごすためには、できるだけ減塩を心掛けたい。だが、身の周りにあふれる調味料は、醤油・ソースをはじめ、製造時に塩分を使っているものが多く存在する。その点、お酢の多くは塩を使わない調味料である。これまでの節でも触れたように、毎日お酢をとることで健康効果が期待できる。

塩分はどうしても旨味に繋がるし、料理のアクセントにもなる。塩分を減らすと、「味がぼんやりする」、「なんだか美味しくなくなる」と感じ、調味の際に塩分を控えにくくしている。しかし塩分を控えた上で、そこにお酢を足してみてはどうだろう。ある実験では、コンソメだし、鰹節だし、鶏がらだしの３種類のだしに食酢を添加することによる、塩味の強さに与える影響を官能検査（人間の感覚を用いて製品の品質を判定する検査）により検証している。まず、３種類のだしに食塩を添加し、食塩濃度が0.8％と0.7％、および0.9％と0.8％となるよう調製した場合に、評価者がこれらの0.1％の食塩濃度の差を有意に識別できることを確認した。次に、これらのだしと食塩を混ぜたもののうち、食塩濃度の低い方に米酢、米黒酢を酸度が0.005％、0.01％、0.02％となるように添加した後、再度評価してもらった。その結果、評価者は0.1％の食塩濃度差を有意には識別できなかった。このことは食塩の濃度が低くても、少量のお酢を入れることにより、味の違いを識別できなくなることを意味しており、米酢、米黒酢の添加による減塩効果が確認された。つまり、隠し味程度の酸味で塩味を増強したり、適度な酸味で塩味の物足りなさを補うことができることを示している。お酢を使うと、ほどよい塩分で美味しい料理ができるの

鶏のさっぱり煮

だ。

物事全般の具合や加減を意味する言葉に「あんばい」というのがある。漢字にすると、"塩梅"で、これは塩と梅酢で調整すると、塩味がまろやかになることを表したもの。塩味と酸味のいい関係から「いい塩梅の味になる」と表現したのである。早速試しに、調理にお酢を少し加え、塩分を控えてみるといい。いつもの煮物にお酢を少し足したり、冷奴に掛ける醤油にお酢を加えたりすれば、簡単に減塩できる。

MEMO

4-8 ● お酢は健康飲料へ

お酢は今や健康飲料としての位置づけに！

　前節までお酢がもつ健康効果について解説してきた。近年、こうした健康効果が知られるにつれ、積極的にお酢を摂取していこうという動きが見られる。以前は主に調味料としてのみ使われてきたお酢だが、こうした健康志向の高まりとともにお酢を健康飲料として認識する人が増えている。そこには年々売り上げを伸ばすビネガードリンク（お酢飲料）の存在が大きい。お酢にはいろいろな種類（1章参照）があるが、このうち黒酢は、中華料理の調味料としてよりも健康食品的な要素を強めてヒットした商品でもある。鹿児島の黒酢や沖縄のもろみ酢に注目が集まったことにより、お酢の健康ブームが起こったこともある。

　前述のとおり、**お酢を大さじ1杯（15ml、酢酸 750mg）、毎日とると健康にいいとされる。**ところがお酢そのものは飲みづらく、継続的に摂取することが難しい。これを解決したのがビネガードリンクである。甘味やフレーバーをいれることで、非常に飲みやすくなっている。ビネガードリンクは、健康志向の強い40～50代よりも30～40代の年齢層の女性に支持されている。これは、健康よりも美容効果や美味しさを訴求したことによって得られた結果だろう。風呂上がりや家事の合い間に一息につく時、忙しい中でリフレッシュしたい時にビネガードリンクを飲みたいとのニーズがあり、健康効果も相まって人気が高まっている。

　ビネガードリンクは、お酢がもつのどへの刺激やツンとした香り、独特の酸味をうまく抑制して、クセになる飲料としてヒットした。ビネガードリンクを飲む理由のアンケート調査によると、前述の健康・美容効果、美味しさのほかに、「SNSで映える」といった意見もあった。これは、ビネガードリンクはストレートタイプもあるが、希釈して使うタイプが多く、割ることでカクテルを作ったり（3-3参照）、スイーツを作ったりすることでオシャレな印象がついているからかもしれない。

　ビネガードリンクやお酢を用いて、オシャレな飲み物やスイーツを作り、SNSで発信して「お酢活」をアピールする。そんな動きもまたお酢の飲用を加速させているようだ。今や調理用を上回ったといわれるお酢の飲用利用だが、まだまだ伸びしろのある分野と期待されている。

5章 お酢の使い方

5-1 ● 酸味と味覚の関係

すっぱいは、美味しいか？ お国が変われば、文化が変わり、
酸味の好みも変わってくる

● 酸味の役割は、腐敗へのシグナルなのか？

　前述のように「酢」の語源は諸説あるが、酒から造ることからこの漢字がついたといわれる。また、別の説として酒を口にした時にすっぱくなって口を窄めたからだとも伝えられている。1章でも述べたとおり、お酢を表す英語のvinegar、フランス語のvinaigreは「ワイン」と「すっぱい」に由来する。つまりどの言語の由来を見ても、お酢の一番の特徴は酸味なのである。

　人間の舌には、味覚を感知するセンサーがある。味蕾と呼ばれるものがそれで、50〜100個の味細胞が集まっている。その味蕾が味成分による刺激を受けると、脳へ信号が伝達されて味を感じる仕組みになっているのだ。味覚には、5つの基本味（甘味・塩味・酸味・苦味・旨味）があって辛味や渋味も広義では味だが、味を感じる仕組みが違うので基本味には含まれていない。

　かつて舌には味覚地図があるといわれた。それはドイツ人医師D.P.ヘーニックの1901年の論文によるもので、舌の先端で甘味を感じ、左右の端で塩味、酸味を順に感じて、奥は苦味を感じる。昔の教科書ではそう載ってはいたが、現在はそれが間違いだとの指摘もある。ともあれ味覚をセンサーとして捉えると、酸味は未成熟の果実の味であり、警戒すべき腐敗のシグナルでもある。酒がひねたものがお酢ならば、その意味も理解できるだろう。

　ただ人間は、いろいろな経験からすっぱい味が悪いだけでなく、使い方によっては美味しいと気づいた。そしてお酢が誕生し、いろんな料理に活かされたのである。酸味と甘味は同じ味蕾で受容されており、酸味と甘味をミックスした料理は多い。例えば、イタリアのアガロドルチェ、フランスのエーガルドウース、中国のタンツー、ベトナムのチュアゴットなどがあげられる。人間は上手に酸味を取り入れてきたのだ。

● 日本人は、酸味に弱い？

　酸味については、経験や年齢差での嗜好よりも地域的な差の方が著しいかもしれない。よく指摘されることだが、日本と海外では酸味の感じ方が異なるようだ。特に日本人は酸味に弱いという説もある。ルーマニアには、小麦の糠を発酵させた調味料で作るすっぱいスープがある。東欧には全般的にすっぱい料理が多く、大袈裟にいえば酸味が利いていない料理がコース内で少ないくらいだ。スープがすっぱければ、サラダもメインディッシュもすっぱく、パンまですっぱかったりする。東欧にはスラブ系の人が多く、彼らはすっぱいもの好きで、日本人の味覚とは少し違うのかもしれない。

　世界のうまずっぱい料理を挙げると、ドイツの「ザワーブラーデン」、セルビアの「ペラ・チョルバ」、ウズベキスタンの「ウズベク・シャリフ」、モンテネグロの「ポドバラック」、ルーマニアの「サルマーレ」など東欧地域のものが目立つ。中でも「サルマーレ」は、東欧中心に人気のあるロールキャベツで、ザワークラウトで豚挽肉・玉葱・米入りの具を巻き、トマトソースで煮込んだ後、オーブンで焼いて作る料理だ。ちなみにザワークラウトは、ドイツのキャベツの漬物。酸味は乳酸菌によるもので、お酢は加えていない。ドイツの代表的料理だが、フランスのアルザス地方やポーランド、北欧、東欧、ロシアでもよく食されている。

ザワークラウト

　欧州で製造されるお酢の酸度は、5～8％前後が主流のようであるが、日本国内では4～5％が主流である。会席料理の献立を見ても酸味を主張する料理は一品ぐらい。初めから「酢の物」と記しており、食べる前から「この料理は、すっぱいですよ」と教えている。そして我々は、酸味のある料理（お酢の主張が強い味付け）だと認識した上で、酢の物を味わう。その点、欧米ではドレッシングが当たり前にかかっていたりして何も考えずに酸味を味わっている。文化性自体が異なるといってしまえばそれまでだが、日本人より欧米の人の方が酸味を好む体質が身についているのかもしれない。

5-2 ● 油とお酢のいい関係

お酢には、油っこさを感じさせないマジックが潜んでいる

炒め物などにお酢をかけると、さっぱりし、油っこさが軽減する。これは何もお酢の酸味だけが影響しているのではない。油の粒子は、水や調味料と混ぜると、大きさがバラバラで不安定な状態になる。そんな状態で舌に触れると、人はどうしても油っこく感じるのだ。お酢は、油の粒子を細かくし、さらに均一の大きさに整える力がある。油っこい料理にお酢を加えることで、油の分子が分散し、さっぱりした味に感じるようになるのだ。マヨネーズやドレッシングが油を使っているにも関わらず、油っこく感じないのはお酢による効果で、その舌触りを調えているからだ。

「紅焼鶏」（鶏もも肉の旨煮）にお酢を加えたものと、加えてないものとで比較すると、下のようなグラフになった。これを見ると、お酢を加えることで、脂っぽさが減り、こってりした味にさっぱり感を与え、味の輪郭がはっきりしたのがわかる。

豚汁をさっぱり仕上げたいなら、火を止めてお酢をひとさじ加えると効果的だ。焼飯のような炒め物なら穀物酢を仕上げに鍋肌からひと振りするだけで油っこさが緩和する。

中華料理で八宝菜や焼きそばに黒酢をひと掛けするのは、お酢と油のいい関係を物語っているといえよう。また、マグロの赤身と中トロの握り寿司でお酢の影響を調べた官能検査（6-2参照）では、赤身の方は粕酢の寿司飯と合うという人が50％以上、米酢の寿司飯と合うという人が30％程度、白飯と答えた人はごくわずかという結果だった。

それに対し、中トロの方では、粕酢の寿司飯が80％程度、米酢の寿司飯が20％程度だった。白飯と合うと答えた人は皆無だったのだ。このことでも脂のある魚には、酢飯が合うのがわかるだろう。お酢には、油っこさを和らげ、さっぱりした味に変え、味のバランスを調える力があるのだ。

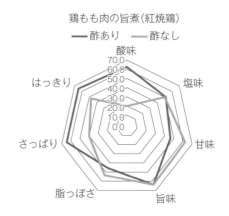

鶏もも肉の旨煮（紅焼鶏）
—— 酢あり　—— 酢なし

5-3 • 隠し酢

ちょっとのお酢で料理の味がアップ！

　料理にお酢を1％程度加えると、料理自体が長持ちする。この1％という数値は、何も防腐や静菌の効果だけではなく、料理を美味しく仕上げる力ももち合わせているのだ。例えば、野菜炒めを作る時に最後の余熱でお酢を絡めると、素材の味が引き立てられてコクが出て味に深みが増す。ブリの照り焼きやきんぴらごぼうのような和食や、青椒肉絲などの中華料理でも同じ。お酢を少し足すだけで油っこさが抑えられるばかりか、甘味や旨味の切れもよくなり、もう一度食べたくなる料理に変身を遂げる。お酢に縁がなさそうな味噌汁も同様の効果がある。こちらは減塩効果が得られるために塩分は控えめでいい。たとえ同じ塩分濃度でもお酢を加えることで、より塩味が感じられるようになる。では、人はお酢をどのくらい使うと酸味を感じるのだろうか？

　1ℓの水にお酢を少しずつ加えていくと、2ml（0.2％）でわずかな酸味を感じるようになる。それが他の調味料も加わった料理だとさらに鈍感になり、20ml程度（2％）まで加えたところでやっと「すっぱいかな？」と感じるようだ。料理にお酢を1％程度使うだけで長持ちすると述べたが、この計算だと1％加えただけでは酸味を感じず、味の邪魔をすることがないのがわかる。

焼きそばを作る時に酸味を感じない程度に酢を入れると味がしまる

5-4 ● お酢でカルシウム摂取量が増加

こんな効果も！お酢の調理機能

● お酢効果でカルシウムアップ

　お酢は、料理を作る上で欠かせない調味料だ。お酢を用いることで料理に"美味しい効果"がもたらされる。その一例が素材のカルシウムを引き出すこと。例えば、鶏手羽元にお酢を入れて煮ると、骨の中のカルシウムが肉や煮汁に溶けだし、水で煮た場合と比べて、カルシウムを約1.3倍摂取できる。その上、軟骨の骨離れもよくなり、コラーゲンも約1.1倍多く摂取できるのだ。また、殻付きのアサリでスープを作る時、だし汁（スープ）400mlあたりお酢を小さじ2杯入れて煮込むと、お酢を入れない時と比べてカルシウムを多く摂取できる。お酢の量が多くなればなるほど、アサリのカルシウムは多く溶け出すことになる。

アサリとトマトのスープ

5-5 ● ぬめり・食感・色鮮やかに

まだあるお酢のいろんな使用効果

お酢にはまだまだ隠れた効果がある。

一つは、素材のぬめりを取る効果。例えば、里芋は、お酢を用いることでぬめりがなくなる。これは、ぬめりの成分である糖たんぱく質がお酢によって沈澱するからだ。2ℓの湯にお酢大さじ2杯を加え、里芋を4〜5分ゆがいて水にさらす。このように下茹でですると、調味料を入れて煮込む際に味がしみこみやすく、吹きこぼれしにくくなり、おまけに箸でつまむ時にもすべりにくくなるという利点も生まれる。里芋の皮を剥くと手がかゆくなるのはシュウ酸カルシウムの針状結晶が肌に刺さるためであるといわれている。お酢を加えた下茹でによって、ぬめりだけでなく、シュウ酸カルシウムも落とすことができる。

二つめは、食感がシャキシャキしたり、色鮮やかになること。ジャガイモやレンコンなどの野菜は、茹でる時にお酢を加えると、野菜のペクチンの分解が抑制され、食感が維持される。例えば、ジャガイモは、水500mlにお酢小さじ1杯を加えると、シャキシャキに。ペクチンは植物の細胞壁に含まれる多糖類で、野菜や果物に多く存在し、野菜の形を決めたり、細胞同士を接着させている。料理において、ペクチンを意識して調理することで野菜の柔らかさをコントロールできる。野菜を加熱すると柔らかくなるのは、ペクチンが加熱により分解されるからだが、お酢の添加でpHが4付近になっていれば分解が抑えられることがわかっている。

レンコンやゴボウなどのアクの強い野菜は黒く変色しやすい。黒く変色するのは、アクの原因であるポリフェノールの一種タンニンが空気中の酸素と触れた結果、酸化が進むからである。しかし、レンコンを水600mlにお酢大さじ1杯を入れて茹でると、白くシャキシャキに仕上がるのだ。特にサラダ用にはオススメだ。ゴボウは、水に晒した後、茹でる時にお酢を加えるだけで、白く仕上げることができ、料理全体の色をきれいに見せることができる。食材中の色素が酸性になることで白色に変わる性質を、うまく利用したといえる。なお、鉄鍋や鉄のフライパンを調理に使っても、レンコンが変色する原因になる。

タンニンは鉄イオンによって褐色から黒色になるからである。

　カリフラワーは茹でると茶色や黒く変色してしまうことがある。これは、カリフラワーに含まれているポリフェノールが酸化したことが原因で、鮮度が落ちている

シャキシャキ春サラダ

カリフラワーによく起こる現象である。カリフラワーも調理時にお酢を加えると、色素が酸性で白く変わる性質を利用して、白く茹で上げることができる。

　生姜やみょうがを酢漬けにすると、含まれるアントシアニンが酸性で赤色に発色し（1-5参照）、きれいなピンク色になる。ラディッシュ、紫キャベツサラダなどもドレッシング（お酢を使用）で和えることで鮮やかな赤色になる。お酢が素材の色を鮮やかにしてくれるのだ。

5-6 ● 料理以外に生活の中で

いろんなシーンや場所でお酢を活用してみては…!?

　ここまで健康面や調理の面でのお酢の利点を説明してきたが、それらの他にもお酢の活用効果がいくつも挙げられる。本節では、科学的にその効果が解明されていないものもあるが、生活の知恵として昔から暮らしの中で使われてきた、お酢の活用効果を紹介したい。

　お酢は掃除に活用できると以前述べた。食器や鍋の手入れにも用いると便利で、コーヒーやお茶などのアク取りでも効果を発揮する。例えば、スポンジにお酢を直接つけてカップをこすると、アクが落ちる。長めのグラスなどは、綿棒にお酢をつけてふき取るといい。料理に用いた鍋は、臭いが付着している。そんな時は、約100倍に薄めた酢水で10分煮立てる。すると臭いは減り、きれいに汚れが落ちるのだ。銀食器のサビ落としにも効果が発揮される。お酢を含ませた布でふくとサビが落ち、ふいた後は水洗いして乾いた布で磨けば、きれいになる。ステンレス製品の汚れやヤニ取りにも効果的。お酢をスポンジにダイレクトにつけてふくだけでOKだ。中でも頑固なヤニは、しばらくお酢に浸けておくことできれいに取れる。ポットの中には、時にフレークスと称される水中に浮遊するキラキラした薄片が発生することがある。そんな時は、熱湯にお酢を10%加えて洗うと、きれいに取れる。流しが詰まった時もお酢が活躍する。カップ半分のお酢に小さじ１杯の重曹を入れて溶かし、排水管へと流し込む。すると、ゴミが滑りやすくなり、排水管の詰まりが軽減する。

　台所周り以外でもお酢を活用するのがいい。洗濯でのすすぎの際は、お酢を少量加えると、残っている洗剤のアルカリ成分を中和するので、衣類の傷みが軽減される。最後にもう一度すすぐことをしておけばいい。また、畳の掃除にもお酢を活用したい。アルカリ洗剤でよく畳をふいた後で、バケツ１杯（５ℓ）の水に、カップ1/4（50ml）を入れた酢水を使ってふくのをおすすめする。こうすることで洗剤のアルカリが中和されて、畳が黄色く変色するのを防

ぐことができる。畳の汚れも1ℓあたり1杯のお酢を加えて酢水でふくとよく落ちる。

　実は生花を長持ちさせるのにもお酢が活用できるのだ。生花の切り口にお酢をつけると、お酢が水中の微生物を殺してくれるので、水の腐敗が防止でき、花が長持ちする。

　このようにいろいろな所で、お酢は効果を発揮する。生活の中で少しお酢を活用することで、住まいは美しさを保ち、抗菌効果も加えながら健康的な毎日を送ることができるようになるだろう。

MEMO

column

お酢のウソ、ホント？

　ここでちょっとクイズ的なものを紹介しよう。お酢には、酸味をつけたり、隠し味として味に相乗効果をもたらしたり、はたまた健康機能に役立ったりと、いろんな効果があるのを述べてきた。

　このコラムでは、今さら他人には聞きにくい、素朴な疑問を解決してみよう。

Q. お酢を飲むと身体が柔らかくなるってホント？

A. ウソ

お酢の主成分である酢酸は、骨のカルシウム分を溶かし、骨を柔らかくすることからそんな話が罷（まか）り通っているのかもしれない。確かに魚の骨がお酢で柔らかくなったり、卵を酢に浸けると殻が溶けたりするが、それはあくまで調理上の話。お酢を飲んで身体が柔らかくなるとの科学的根拠はない。

Q. お酢は腐らないってホント？

A. ホント

酢酸には強い防腐・静菌効果があり、食べ物が腐る原因となる菌も、お酢の中では生きていくことができない。ただし、酢酸菌の中には、お酢の酢酸を分解するものもあるので開栓後は必ずキャップを締めて保存する必要がある。お酢は、傷みにくい食品だが、時間の経過とともに風味が劣化するので、賞味期限が設定されている。日光に弱いので冷暗所で保管してほしい。

Q. お酢を鍋の中で加熱すると、効果がなくなるってホント？

A. ウソ

お酢の健康効果は酢酸にある。酢酸の沸点は118℃で、水より沸点が高い。そのため、酢酸が蒸発する前に水が少し蒸発する。ただし水とともに酸も蒸発するので、酢酸の濃度は変わらないか、少し高くなるので、加熱してもお酢の効果は変わらない。

Q. お酢で卵の殻がツルンときれいに剥けるってホント？

A. ホント

お酢の主成分である酢酸が、卵の殻である炭酸カルシウムを溶かして殻が柔らかくなるために剥きやすくなると考えられている（1-5参照）。

Q. お酢を飲むと内臓脂肪が減るってホント？

A．肥満気味の人に限りホント

肥満気味の人がお酢を、毎日継続的にとることで内臓脂肪や体重、BMI を減少させるとの研結果究が報告されており、同時に血中中性脂肪や腹囲も下げることが確認されている（４章参照）。

第 **II** 部

お寿司検定

6章 お寿司っていったい何？

6-1 ● お寿司の定義とルーツ

お寿司って、どんなものをいうのだろう？
〜寿司の定義と、そのルーツについて〜

● 寿司とは、寿司飯をタネと一緒に食べるもの

寿司とは何か？この定義に答えるのは、なかなか難しい。なぜなら多くの人は酢飯を使った握り寿司や箱寿司、ちらし寿司をイメージするのだろうが、寿司の歴史においてその手のスタイルは意外と新しいからだ。寿司はもともと、魚をいかに保存して食べるかで考え出された料理で、昔はご飯を発酵させて、今でいう酢の役目を担わせており、発酵したご飯は捨てて、魚のみを食べていた。だから寿司を酢飯を使った料理だとは定義しにくい。そのため本書では、寿司の定義を広くとり、「寿司とは、寿司飯と寿司種（タネまたはネタとも呼ばれる。本書では、以降タネと表記する）を一緒に食べるもの」としておきたい。本来の魚ではなく、タネとしたのは、回転寿司などでは、肉やハンバーグ、野菜などの変わり種も一般的になっているからである。

寿司は酢を使うものと、使わないものに二分できる。前者は、多くの人がイメージする寿司で、後者は発酵ずしだ。「発酵ずし」には、「ホンナレ」と「ナマナレ」がある。詳細は後述するが、「ホンナレ」は「ナレズシ」とも呼ばれ、漢字で書くと、「熟れ鮓」や「馴れ鮓」となるが、本書では「寿司」で統一する。いずれにしても飯と魚を熟成させ、発酵によって酸味を出し食べるものをいう。なれ寿司の典型は、滋賀県の鮒寿司だ。琵琶湖の固有種であるニゴロブナを塩漬けにして保存（塩蔵）した後に飯に漬け込んで作られる。発酵に使った飯は取り除き、鮒のみを食す、いわゆる魚の保存食である。

今でこそ寿司は、和食の典型のように海外に喧伝されているが、そのルーツは日本ではなく、東南アジアまで遡

鮒寿司

る。ラオス、カンボジア、タイなどのメコン川流域や、ミャンマーのエーヤワディ川流域で淡水魚を保存する目的で作られていたものだ。それが中国へ伝来し、「鮨」もしくは「鮓」が生まれた。「鮨」という言葉が最初に出てくるのは『爾雅』という紀元前3～5世紀に書かれたとされる中国最古の辞書といわれる書物である。ここに「魚で作るのが"鮨"で、肉で作るのが"醢"（肉の塩辛のこと）である」と書かれている。一方、「鮓」の語源は不明確だが、後漢の末頃に書かれたとされる『釈名』という辞書に「鮓は魚の漬物のことで、塩と米で醸し、なれたら食べる」という記載がある。その頃の中国では、魚の塩蔵発酵食品が「鮨」で、塩と米でならした魚の漬物が「鮓」となった。それがいつしか（三国時代あたりだといわれている）「鮨」も「鮓」も同義語のようになってしまった。『廣雅』（魏で編纂された辞書）の著者である張揖は「鮨は鮓なり」と記している。

　寿司は、中国から稲作の伝来と同じように日本にもたらされたと推測される。我が国最古の文献記録『養老令』や『正倉院文書』の中にすでに寿司に関する記述があるので遅くとも奈良時代には寿司が作られていたと考えられている。

●寿司は、珍しく系譜がわかる料理

　東南アジア生まれの外来食品である寿司が、なぜ日本を代表する料理の一つとなったのだろうか。それは、寿司が時代時代のニーズを取り入れながら変遷していき、その形を変化させていった、そんな流れがあるからだ（図6-1参照）。

　なぜ寿司を「鮨」や「鮓」と呼ばず、「すし」と呼んだかは、諸説ある。その中で有力なのが「酸っぱいから"酸し"」という説だ。これは江戸期の儒学者、貝原益軒が「日本釈名」に記している。歴史上や現代の学者達が、その言葉をいろいろと論じてはいるが、「すし」の語源が、「酸い飯」にあり、飯がやがて「し」になったというのは、筋が通っているように思われる。

　現在、「すし」は、「鮨」や「鮓」の字を当てる。魚を用いて作るから「鮓」だったのだが、それが旨かったので「鮨」となったと説明する人もいるが、真偽は不明である。ただ「寿司」という漢字が登場するのは江戸時代で、朝廷への献上品がやがてハレの日のごちそうとして出され、「寿を司る」という意味でこの字が当てられたといわれている。江戸時代には"寿"という字が縁起がいいとされ、流行したとも伝えられているのだ。ともあれ、飯を発酵させ、魚を保存するために考えだされた「すし」という料理が、やがてお酢の普及により形を変え、料理の根本も変えていった。寿司のルーツに近い鮒寿司は、今も作り続けられており、郷土料理として食べられている。一方、高級食品だった寿司は、江戸時代後期の握り寿司の誕生

によって屋台料理として普及し、今でいうファストフードの意味合いをもちながら
発展していった。そして現代では、寿司といえば、握り寿司をイメージする人が大
半で、握り寿司も高級和食と、回転寿司や総菜の寿司などの安価なものとに二分さ
れている。

　図6-1は、そんな寿司が我が国の歴史の中で変遷し、形を変えた、いわば「寿
司の系譜図」である。オレンジ色で示したのが、保存を主目的とした発酵ずしで、
灰色がお酢が普及してきたことによって誕生した早ずしだ。熟らして飯を発酵させ
て作る「なれ寿司」には、「ホンナレ」と呼ばれる、中国から伝わった作り方のも
のがあって、その次に「古式ナマナレ」と「改良型ナマナレ」の順に変化していく。
発酵ずしに類する「イズシ」とは、「飯寿司」と書き、乳酸発酵させて作る、なれ
寿司の一種である。魚と野菜を米麹に漬けて乳酸発酵させた寿司で、野菜を入れる
のが特徴だ。北陸以北の日本海側では今でも作られており、寒冷地に適した作り方
だといえるだろう。

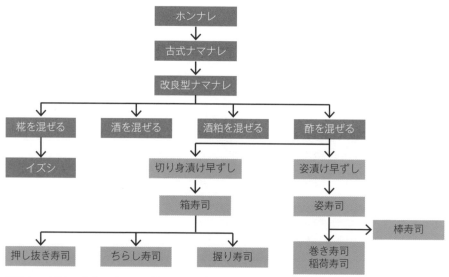

図6-1　寿司の系譜　オレンジ色が発酵ずし、灰色が早ずし。

　早ずしから進化した寿司も、今でこそ圧倒的に握り寿司のイメージが強いが、かつては、関西は箱寿司、関東が握り寿司と分かれていた。パパッと握ればできるという気の早い江戸っ子向きの寿司と、上方の歴史に裏打ちされ、技術を要して作り込んでいく箱寿司では、東西の食文化の違いが垣間見え、その嗜好に好みが分かれていたのもおもしろい。

　表7-2に示すが、文献から読み解くと、巻き寿司、握り寿司、いなり寿司の順に早ずしが発展してきたことがうかがえる。7章では歴史をたどりながら日本で寿司がいかに変遷していくかをみていこう。

箱寿司

握り寿司

6-2 ● お寿司の美味しさを科学する

マグロ寿司の美味しさを官能検査で調べてみた

● ワサビが生のタネに用いられる理由

　先述のとおり寿司には、いろいろなジャンルがあるが、現代では寿司＝握り寿司をイメージする場合が多いだろう。握り寿司が誕生したのは、江戸時代後期で、華屋與兵衛が大成させたといわれている。当時、江戸では米酢が不足しており、そこに半田の粕酢（1章コラム参照）が誕生し、握り寿司の流行とともに粕酢を使った赤シャリが普及した。そのため、今でも首都圏の寿司屋では粕酢を使うところが多い。

　一方、関西は"白"を好む傾向が強いために米酢を用いた白い酢飯で握る。最近は、関西圏でも赤シャリで握る寿司職人が増えてきたが、やはり寿司といえば、純白の寿司飯を好む傾向は今でも強い。握り寿司は、タネ（魚）・ワサビ・酢飯の三つから構成されており、酢飯とタネの間にワサビを入れる工夫をしたのも華屋與兵衛だと伝えられている。

　江戸時代の握り寿司は、生ではなく、下処理をしていたものが主だった。例えば、あらかじめお酢に漬けたり、醤油にくぐらせていたり、焼く・茹でる・蒸すなどして熱を加えていたりしていたのである。「江戸前」という言葉が今でもあるように、当時は江戸湾で獲れた魚介類ばかりで、外洋の魚は使われていなかった。マグロやタコは、魚介類としての評価が低かったのであまり用いなかったらしい。表6-1には、季節ごとに用いられていた魚を示す。これらのタネに下処理を施して使われていたものが多かったのだ。

　文政7年（1824年）に華屋與兵衛が江戸の尾上町で「華屋」という店を構えた。そこでマグロやコハダを握り、寿司を売り出している。これらの寿司には、タネと酢飯の間にワサビが挟んであった。ワサビを使うのは、マグロとコハダだけだったようだが、これは生魚にはワサビが毒消しとして必要だったのだろう。ご存知のよ

表6-1 ● 江戸時代の代表的な握り寿司のタネ

春（2〜4月）	穴子・サヨリ・白身・平目・カスゴ鯛・真鯛・おぼろ・玉子・玉子巻き
夏（5〜7月）	穴子・キス・小鯛・小鯵・イボ鯛・車海老・アワビ
秋（8〜10月）	穴子・鮎・イボ鯛・コハダ・細巻・玉子・玉子巻き
冬（11〜1月）	赤貝・イカ・コハダ・ハマグリ・おぼろ・大葉・玉子・玉子巻

うにワサビには殺菌・抗カビ効果がある。そればかりか、魚の生臭さを消したり、食欲を増進させる効果もあって昔から生活の知恵として用いられていたのを華屋與兵衛が握り寿司に応用したものと思われる。

● マグロの握りが人気なのは…

　今では、寿司ダネの人気No.1はマグロである。赤身・中トロ・大トロとあり、サーモンやエビ・ハマチがそれに続いている。

　寿司の美味しさとお酢の相関性をマグロを用いて示した興味深い研究がある（図6-2）。この研究では、含まれる脂質量の異なるマグロ（地中海産天然赤身、地中海産養殖中トロ）を冷凍したものを解凍後に生ダネとして使用した。一方、寿司飯は、白シャリ（米酢）、赤シャリ（粕酢）に白飯を加えた3種類を使用し官能検査を行った。官能検査とは、見る、聞く、味わう、嗅ぐ、触れるという人の五感（視覚、聴覚、嗅覚、味覚、触覚）を用いて、対象物を測定、評価、分析する検査である。この検査の結果、寿司飯は白飯よりも美味しさの評価が高く、白シャリよりも赤シャリの方が美味しいとの評価を得ている。つまり、マグロ由来の「酸味・血の風味（鉄分）」と「脂っぽさ（脂質）」が、マグロの握り寿司の美味しさに大きな影

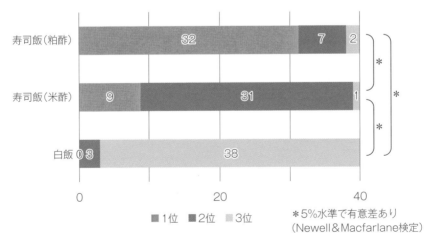

図6-2　マグロ握り寿司の美味しさの評価
マグロには地中海産養殖中トロを用いた

響をもつことが研究結果から導き出されたのだ。また、マグロの血の匂いを赤シャリがマスキングすること、赤シャリにより脂っぽさが有意に抑制されることも示された。つまり、脂の乗ったマグロほど赤シャリとの相性がいいことがわかったのだ。寿司における酸の基本的役目は、保存のためであったが、嗜好性の向上においても重要な役割を果たしているといえるだろう。江戸時代には、猫またぎと呼ばれ、見向きもされなかったトロや外洋のマグロが現在、爆発的人気を得ているのも、科学的に見ると当然の結果かもしれない。

7章　お寿司の文化論

7-1 ● 日本古来の発酵ずし

日本の寿司は、飯を発酵させて酸を得ることから発展

● 大昔は、発酵に用いた飯は捨てていた

　6章で述べたとおり、寿司のルーツは、東南アジアにある。それがいつしか中国を経て日本へ伝わった。伝来ルートは、稲作農耕文化と同じではないかといわれている。文献がないので明確ではないが、紀元前3〜5世紀との説もある。最も古い寿司の記録は、『養老令』（718年）で、租税法にあたる賦役令の中に「鰒鮓二斗、貽貝鮓三斗…雑鮓五斗」の記載があり、「鮓」の文字がでてくる。当時、寿司は諸国の産物として税金のように納められるものであった。その頃は、当然酢飯はなく、塩を飯の中に入れて乳酸発酵させて保存性を高めた食べ物だった。飯は発酵させて酸味を得るのに用いたもので食べずに捨てていた。材料は、魚・飯・塩の三点のみで、魚の保存や貯蔵のために作られていた。

　前述のとおり、この種の寿司を「なれ（熟れ、馴れ）寿司」と呼ぶ。古代の寿司がどんな食べ物だったかは、材料や作り方が記されていないのでわかっていない。それがわかる一番古い史料は平安時代中期の『延喜式』（927年）である。『延喜式』によると、「雑魚鮨十石」の材料は、「味塩魚十斗、白米一石、塩一石三斗」となっている。ただし、雑魚がどんな魚かは文献からはわからない。文献によると、当時の寿司は、ペースト状のものに覆われた見た目の悪いものだったようだ。後出の「ナマナレ」と区別するために、古代のなれ寿司を「ホンナレ」と表現しておく。ホンナレは税にもなるくらいなので、公家や貴族のような高貴な人の食べ物であり、彼らが魚を保存させて食べるのに発酵ずしの形を選んだのだろう。『延喜式』には、国ごとの貢納品が記載されているが、その中に鮎寿司や、鮒寿司、貽貝寿司、鰒寿司などがある。西日本の過半数の国々が朝廷に寿司を納めていることから、寿司がいかに重要な食べ物だったかが理解できる。今でも滋賀県で作られている鮒寿司は、『延喜式』の

作り方とは変化しているが、伝統を守りながら作られており、鮒と一緒に漬けた飯は、こそげ落として、鮒のみを食べる。現在の製法は、すべてが昔どおりとは限らないが、基本は漬けた飯は食べない。しかし、チーズのようにドロドロになった飯を茶漬けにして食べる場合もあるようだ。

●「ナマナレ」は寿司の第一革命

鮎のナマナレ

室町時代頃になると、この「ホンナレ」が「ナマナレ」に変化する。「ナマナレ」は「生成」と漢字で書き、発酵が浅い寿司をいう。つまり早い段階で発酵を止めるために飯も魚と一緒に食すことが可能になったのだ。鎌倉時代の文献は少ないので、「ナマナレ」の発展の経緯はわかりづらいが、室町時代に入ると個人の日記も多く、寿司の様子がわかりやすい。室町時代初期の『庭訓往来』には、鯵鮨という言葉が見られ、日常とまでいわないまでも、寿司がポピュラーな食べ物になっていたことがうかがえる。

「ナマナレ」の本質は、発酵期間の短縮化よりも、むしろ飯を食用したことにある。「ホンナレ」で捨てていた飯を食べるようになったことは、寿司がこの時代に魚と飯で構成される料理に発展したことを示しており、郷土ずし研究家の日比野光敏氏は、ここが寿司の第一革命であったと考えている。

室町時代から時代が進むと、徐々にお酢が大量生産されるようになった。つまり飯を発酵させずとも寿司に酸味をもたせられるようになったのだ。だからといって一足飛びに酢飯へ到達するのではない。ここで登場してくるのが「改良型ナマナレ」である。当時は、発酵を促進するために糀や酒、お酢を用いていたのだ。「改良型ナマナレ」の発酵を促進する方法は次の三つだ。一つ目は糀を混ぜる方法、これは現在でも秋田のハタハタ寿司に見られる技法でもある。二つ目はお酢を使ったとしても一晩かけて沸かすもしくは成形させた寿司の上からお酢を振り掛ける方法だ。今とは異なる作り方だが、後者は江戸時代後期の料理本『名飯部類』（1802年）にも載っている。三つ目は酒を混ぜる方法で、『料理網目調味抄』（1730年）には、魚を浸すのにわざわざ古い酒を使う例が載っている。古い酒の方が早くすっぱくなるからそうしたのであろう。酒とお酢を混ぜる技法は、まず酒を加えることで発酵の調整短縮を図り、さらにお酢を加えることでそれを加速させる。江戸時代の『料理塩梅集』（1668年）や『合類日用料理抄』（1689年）には、その手法が記されていて酒や酢を使う寿司が次第に普及し始めていたのがわかる。

7-2 ● 早ずしの誕生

旧来の発酵とは決別した早ずしの誕生

● 江戸時代に現代の寿司の形が作られた

　日比野氏によると、「ナマナレ」が寿司の第一革命なら、第二革命は早ずしの登場だ。和食は、その基礎が室町時代にでき、江戸時代になると花開く。現在にも伝わる多くの技法や料理は、江戸時代にできたものと言い切ってもおかしくはないだろう。早ずしが誕生したのも江戸時代である。「改良型ナマナレ」では、お酢を用いるものの、発酵促進のために使っていたことは、7-1で述べた。早ずしは、酢飯で作る現代の寿司の原型といえよう。

　1700年頃（宝永期）になると、江戸・京・大坂に寿司屋ができてくる。この時代の寿司は、箱に酢飯を詰めて上に魚介類を載せ、落とし蓋をして重石を置いて作る。押し寿司とも、箱寿司とも呼ばれるものだ。「改良型ナマナレ」のようにお酢は発酵促進剤としてではなく、酸味をつけるために用いた。なれ寿司の時代は、発酵期間を経ねばならなかったが、お酢の普及で発酵させずとも酸味が得られるようになった。発酵の酸味である乳酸は、お酢の酸味である酢酸とは違うわけだから、もはや調味としての酸味を求めるようになったわけだ。「早ずし」の出現は、寿司が発酵から別れたことを意味する。それまでの寿司は、発酵食品であり、保存食品であったのだが、「早ずし」は全く別の食べ物と言っていい。貯蔵食の名残まできっぱり捨て去ったといえるだろう。

　発酵期間がなくなれば、魚の骨は柔らかくならず、むしろ邪魔になってくる。そのため、骨を除いたり、卸し身にして漬けるようになってくる。今日の姿寿司や棒寿司に見られる同じ製法を用いるようになったのだ。1800年代初頭に書かれた『名飯部類』や『素人包丁』の中に出てくる姿漬け寿司には、酒との併用がなく、魚・飯・塩・酢だけで作っている。1600年代後半にかかれた『料理塩梅集』にはあった酒との併用が、この百年ぐらいの間に見られなくなっていた。

　江戸中期頃になると、生の魚を好む傾向がより深まっていく。この嗜好にも後押しされ「早ずし」は新しい寿司として確立され、当初は偽物扱いされていたお酢を使った早ずしが庶民の間で浸透した。元禄期（1688〜1704年）までには、酢飯を使ったものが「早ずし」や「一夜寿司」と呼ばれ、どんどんと様々な形へと進化を遂げた。

　文化文政期（1804〜1830年）になると、町人文化が栄え、外食も盛んになり、「早

ずし」はポピュラーになった。1728年に書かれた『料理網目調味抄』では、寿司を姿のまま漬けた「鮓」と、切り身を漬けた「鱗鮓」に分類されている。この二つは、お酢を使わず発酵させて寿司を作っていた時代からあったもので、頭も尻尾も付いて一匹の魚のように見せているのが姿寿司で、漬ける魚が大きすぎるものを切り身にしているのが切り身寿司と呼ばれるものだ。柿寿司は室町時代頃からたびたび登場しているが、「ナマナレ」の時代に作られていたものとは当然違い、ここでの「鱗鮓」は、早ずしに類するものである。「切り身寿司」もこの時代には、お酢を用いたものへと変化し、「箱寿司」と呼ばれるものへと変貌を遂げる。

　とはいえ新しいものを好む江戸とは気風が異なり、京・大坂では、「ナマナレ」が根強く残っていたようだ。ところが享和期（1801〜1804年）には、上方でもお酢を使う寿司（早ずし）が次第に一般化し始めた。上方の早ずしは、箱寿司で、関西風押し寿司とも呼ばれるものである。四角い木枠に寿司飯と具（鯛・海老・穴子・玉子焼きなど）を入れて押し重ねて作り、それを適当な大きさにカットして食べる。大坂発祥ともいわれ、今でも二寸六分の懐石と称される押し寿司を出す「吉野寿司」などの名店が残っている。

　1830年頃（文政期末から天保期初め）には、大坂の心斎橋筋に「福本ずし」という店があり、ここで売られていた「柿寿司」は具が厚く、好評を博したとの記述が残っている。喜多川守貞は、著書『守貞謾稿』の中で玉子焼きや鯛、アワビなどを盛り合わせたのが「柿寿司」だと記している。ちなみに「福本ずし」は、重石を置いて作っていた箱寿司を手押しに改めて売り出した店だといわれている。上方寿司（箱寿司）の成立は、どうやらこの時代だったようだ。

　「早ずし」には、柿寿司や箱寿司、押し寿司、姿寿司、棒寿司、巻き寿司、稲荷寿司、ちらし寿司といろんなものが含まれるのだが、それらについてはこの後の節で述べたい。

絵本江戸爵（1786年刊、国立国会図書館所蔵）

7-3 ● 握り寿司の流行

江戸後期に生まれた握り寿司が、寿司の世界を一変させる

● 華屋與兵衛が握り寿司を大成させた

江戸時代後期になると、いよいよ握り寿司が登場してくる。『誹風柳多留』（1829年）という句集には、「妖術という身で握る鮓の飯」という川柳が載っている。これは、握り寿司を握る手の動きが忍術使いのようであったことを表したものだ。その他にも握る様子を妖術になぞらえた句もあって、即席で握る寿司が発酵ずしに親しんだ当時の江戸市民には、風変わりに映ったものと思われる。

華屋與兵衛（小泉達二氏所蔵）

握り寿司は、文政期（1818　1831年）以前からあったと推測されるが、誰が考えたかはわかっていない。喜多村信節の『嬉遊笑覧』（1830年）に、文化期の初めに深川の六間堀に「松がすし」が出て、世の寿司が一変したとあるが、「松がすし」起源説は正しいとは限らないようだ。ちなみに「松がすし」は、堺屋松五郎が営む有名寿司店で正式には「いさごずし」という。

握り寿司の発明者は不明なものの、後に「與兵衛鮓」を開く華屋與兵衛が大成させたのは間違いない。與兵衛は1789年（寛政11年）の生まれで、20歳を過ぎる頃まで札差（旗本などに代わって禄米を米蔵から受け取り、売りさばく商人）に奉公し、その後転職を繰り返して松井町の遊里界隈で寿司を売り歩くようになった。当初は岡持ちに入れて売っていたが、屋台を出すようになり、その後、両国の回向院前で小さな店、與兵衛鮓を構えた。「與兵衛鮓」は、路地裏の二間しかない店だったが、大繁盛したようだ。安政期に書かれた『武総両岸図抄』では「混み合ひて待ちくたびれる与兵衛鮓　客も諸手を握りけり」と記されている。握り寿司起源説にも挙げられた「松がすし」も繁盛しており、西澤一鳳は『皇都午睡』の中で「寿司はすこぶる旨い」と書いている。どうやらこの両店の繁盛が、江戸の寿司事情を一変させたと思われる。

明治時代に入って二代目與兵衛の次男が

江戸時代後期の寿司屋台

『またぬ青葉』の中に書き残しているが、握った飯に魚の身を貼り付け、一つずつ笹の葉で仕切りながら、箱の中に並べて蓋をして押し、2〜3時間経ってから竹のヘラで一つずつはがし起こしていた。これは三日ほどは味が変わらないが、時間がかかる作り方で、それを與兵衛が嫌ったようだ。そして押して作るやり方では、魚の脂が絞り出されて、まずくなるとしている。その点、握り寿司は即興で作るものだ。タネの味が劣化しないし、気の短い江戸っ子にウケたのもわかる。前述の『守貞謾稿』で

は、江戸で箱寿司が廃れ、握り寿司のみになったと伝えている。当時は、市中にそば屋が1〜2町（1町は約10,000平方メートル、3,000坪）に1軒の割合であったのに対し、寿司屋は町ごとに1〜2軒あったそうだ。これでも十分多いが、寿司は大半が屋台での商売なので実はもっと多かったことになる。夜ともなると、繁華な場所には3〜4台の寿司の屋台が出店していたらしい。その頃の屋台を再現したのが、この写真である。サイズは小型で、材質にはこだわりがなかったようだが、当時一般的な木材は杉なのでそれで作っていたものと思われる。握り寿司は、即座にできる利点があるが、屋台には予め握ったものが並べられており、客は好みのものを取って食べる。眼前で握るのは、その補充用であった。

●江戸の握り寿司は、おにぎり感覚?!

今でこそ握り寿司は高級品もあるが、当時はファストフード的な存在だった。普通の働く町人や遊客の腹を満たすべく売られていて、値段も一個が8文（約160円）と安い。気取らない食べ物で、寿司のサイズは今の約2.5倍（約45g）あった。一口半から二口で食す大きさだったという。現代の握り寿司のご飯が20g前後なので、おにぎりのような感覚で食べていたのではなかろうか。

　與兵衛4代目の弟である小泉清三郎は、その著『家庭鮓のつけかた』で、「酢と

塩の割合は、米二升に対して酢一合、塩一合弱」としている。今と比べると、塩の使用量は３倍近くになるが、当時の塩は塩分濃度は低かったようで、塩味はそんなには強くなかったようである。握り寿司が誕生した頃は、米酢が着物の色止めなどに使用されて不足気味だった。そこで華屋與兵衛は、半田からきた粕酢に目を付け、積極的に握り寿司に活用した。粕酢は、米酢より旨味が豊かなので、この旨味が発酵を経ない握り寿司には最適だった。しかも米酢より安かったようで、握り寿司職人の間で一気に粕酢が広まった。

　今でこそ握り寿司のタネは、新鮮さが命で生で使用するのが一般的なのだが、前述のとおり、江戸時代はこれとは異なり、下処理を施したものが多い。基本は江戸湾で獲れた新鮮な魚介類を使用し、外洋ものは使わない。マグロやタコも当初はあまり使ってはいない。タネの種類も少なく、下処理は、①酢に漬ける、②醤油にくぐらせる、③火を通す、④醤油・みりん・あく引きなどで煮る、⑤その他と、大きく分けて５つの手法が用いられていた。表7-1は、下処理の５つの例と使用する魚介類である。

表7-1 ● 江戸前寿司の「タネの下処理」

①酢に漬ける	塩を振り、下酢で洗い、新酢に漬ける。 例）イカ　イボ鯛　カスゴ鯛　キス　小鰺 小鯛　コハダ　サヨリ　平目　真鯛
②醤油にくぐらせる	醤油にみりんを加えて煮立たせた調味液をつくり、握る直前にくぐらせる。 例）平目　真鯛
③火を通す	焼く、茹でる、蒸すなど加熱を行う。 例）穴子（焼物）　アワビ（塩蒸） 車海老（茹物）　玉子（焼物） ※車海老は握る直前に三杯酢にくぐらせる。
④煮る （醤油、みりん、あく引きなど）	醤油、みりん、あく引きなどで煮る。 例）穴子　アワビ　イカ 大巻（干瓢、椎茸、木耳、おぼろ） おぼろ　白魚　細巻（干瓢）
⑤その他	赤貝（握る直前に二杯酢にさっとくぐらせる） 鮎（酢に漬けてから、押しずしにする） ハマグリ（みりん、あく引き、醤油、酒でつくった調味液に浸す）

　早ずしなら２〜３時間かかるところをすぐに作ることができるようにしたのが握り寿司だ。作ってすぐに食べられる寿司は、粋でいなせに映ったようで瞬く間に江戸市中に伝播し、次第に全国へ広まっていった。文政末期には、この握り寿司が上

方へも進出した。戎橋のたもとにあった「松ノ鮓」などの繁盛店が増え、京や名古屋でも見られたという。当時、**江戸の三大寿司屋といえば「松がすし」「與兵衛鮓」「毛抜鮓」**。そのうち日本橋の竈河岸にあった「毛抜鮓」は、例外で握り寿司より押し寿司を売りにしていた。「笹巻鮓」が人気で、一つずつ笹の葉で巻いて重石で押しをかけたものなのだが、『皇都午睡』では、じっくりなじませた味が関西人好みで「上方者の口に合う」と評している。一方、「松がすし」は、当時から一つ250文と高かったらしい。こちらはファストフードではなく、高級化を進めた店として知られている。

表7-2 ● 江戸時代の寿司に関する出来事

年代	出典	出来事
1668年	料理塩梅集	発酵促進に酒と酢を使う
1689年	合類日用料理抄	「早ずし」の記載あり
1673年頃	難波江 （幕末から明治のころ）より	「松本ずし」の記載 「まちゃれずし」
1728年	料理網目調味抄	「箱すし」に酢をそそぐ。発酵なし
1750年	料理山海郷	「巻鮓」の文字。飯を巻いていない
1760年	献立筌	早ずしが「すしもどき」的表現
1776年	新撰献立部類集	巻き寿司製法、浅草海苔、ふぐの皮、紙で巻く
1804年頃	嬉遊笑覧（1829年刊）より	「松がすし（いさごずし）」開店
1818年頃	家庭鮓のつけかた （1910年刊）より	與兵衛が握り寿司を岡持ちで売る
1825年頃	すしの雑誌 （1990年刊）より推定	與兵衛、両国元町に毎夜屋台
1827年	誹風柳多留	「妖術という身で握る寿司の飯」の記載
1830年頃	江戸名物詩 （1836年刊）より推定	與兵衛、両国元町に與兵衛鮓開店
1830年頃	守貞謾稿（1837年刊）より	大坂「福本ずし」が手押しの箱寿司
1843年	藤岡屋日記	稲荷寿司、当時流行
1852年	近世商賈尽狂歌合	「稲荷寿司、天保の飢饉のころ起こった」の記載

7-4 ● 半田の赤酢

握り寿司ブームを後押しした半田の赤酢とは…

● 安価で味のいい粕酢が、江戸後期にブレイク

　7-3でも述べたが、江戸時代後期の握り寿司流行には、半田の粕酢が大きく影響を与えた。粕酢自体は古くから存在した。古代中国の記述にも粕酢のことが記されているし、我が国でも奈良時代には、酒を搾って残った後の酒粕からお酢を造ったとある。握り寿司ブームに寄与した粕酢とは、それらとは一線を画したもので、半田（現在の愛知県半田市）で造られた、いわゆる赤酢と呼ばれるお酢だ。

　江戸時代には、尾張・三河・美濃・伊勢の四ヵ国でも酒造りが行われ、それらを<ruby>中国酒<rt>ちゅうごくしゅ</rt></ruby>"と呼んだ。中でも知多半島沿岸で盛んだったようだ。日本酒の副産物が酒粕なので同地には大量の酒粕があったことになる。ところが、灘（現在の兵庫県神戸市から西宮市のあたり）の酒が"下り酒"と呼ばれ、江戸で人気を博すと、品質で劣る中国酒は江戸での市場価値が暴落し、廃業する蔵まで続出していたという。文化文政期（1804〜1830年）には、江戸のお酢事情も変わっており、庶民間で酢の物が広まり、お酢は重要な調味料に位置づけられていた。さらに握り寿司まで流行し、市場は米酢不足に陥っていたのだ。

　p.36粕酢のコラムでも解説したが、そんな状況下をチャンスとして捉えたのが、中野又左衛門だ。前述のとおり、又左衛門は、1804年（文化元年頃）に江戸に下り、早ずしに出合ったことで新しいお酢の開発に着手した。その頃は、灘の下り酒人気と、幕府が発令した酒造の勝手造り令で、中国酒が廃れていき、彼自身の酒蔵も転機を迫られていたと思われる。米酢の需要が高まっていたことから又左衛門は、半田で大量に残る酒粕を使っての粕酢造りを思いつく。又左衛門の造る粕酢は、それまでのものと異なり、酒粕を熟成させてからお酢の原料に用いたものだった。半田で開発された粕酢は、木桶を用いた表面発酵（1章参照）で製造されていた。熟成した酒粕を原料に、酒粕中に含まれるアルコールを表面発酵して製造したのだ。熟成した酒粕は、デンプン質が甘味成分であるブドウ糖に、タンパク質がアミノ酸などの旨味成分に分解される。さらに糖とアミノ酸は、アミノカルボニル反応（メイラード反応）によって赤みがかった色合いとなり、熟成香を放つのだ。又左衛門

が考案した粕酢が古来からあった粕酢と違うのは、熟成した酒粕を原料にした点と、自家製の少量生産ではなく、大量生産に成功した点にある。

● 最大の特徴は、熟成した酒粕で造ること

p.36のコラムでも紹介したが、ここでもう一度、又左衛門の粕酢の造り方を詳しく説明しよう。まず1〜3年寝かせた酒粕を原料とする。これは熟成によって、独特の甘味や旨味が生じるからだ。アルコールが飛ばないように蓋をし、和紙で目張りして1年寝かすと、古粕になる。その古粕に水を加えて溶かし、7日ほど置いて圧搾濾過して得られた澄汁がお酢の素となる。澄汁の半分を鉄釜で沸かし、残りの澄汁と合わせて仕込桶に移す。1ヵ月もすると、酢酸菌が増殖して発酵が進んでいく。2〜3ヵ月間熟成させた後で、澱を引き、濾過して樽詰めする。こうして半田の粕酢ができあがるのである。

中野又左衛門は、この粕酢を弁才船で江戸に運んで出荷した。それが瞬く間に江戸市民に受け入れられたのは、当時流行しかけていた握り寿司に合っていたからだ。それまでのお酢といえば、地方から届く和泉酢、北風酢、善徳寺酢、中原酢、粉河酢などが中心で、問屋や小売店での流通品だった。当然、それらは米酢だったわけだが、半田の粕酢は、米酢に比べて甘味が強く、独特の旨味と香りがあって握り寿司に合った。しかも米酢より安価である。安く仕入れることができて、味もいいお酢なら江戸の寿司職人の目に留まらぬはずはないだろう。華屋與兵衛の「與兵衛鮓」でも採用され、次第に江戸の寿司屋で広まっていく。中野又左衛門は、大消費地である江戸での販売を醤油問屋の森田半兵衛に任せた。今でいう特約店制度の活用である。喜多川守貞は、『守貞謾稿』の中で「江戸にては、尾州の名古屋の○勘印の製を専用す」と書いている。この○勘（丸勘）とは、中野又左衛門の粕酢を指す。

熟成した酒粕は黒っぽい味噌のような色合いになる

半田から粕酢を運んだ弁才船とは…

弁才船活用は、粕酢ブレイクの一つの要素

　前ページで、弁才船で江戸まで運んだと述べたが、ここで弁才船について少し説明を加えておきたい。なぜなら半田でいくら品質の良い粕酢を造ったとしても、それを大量に江戸まで運ぶことができなければ、握り寿司の流行に寄与することはなかったからだ。

　「弁才船」と書いて「べざいせん」と読む。名前の由来は、運漕の従事者である弁済使（平安時代以後、官物租米などの徴収にあたる役職）からつけられたとも、舳先がある船である舳在船からつけられたとも、安定性がいいことから「平在」を意味してつけられたともいわれ、諸説あり、どれが正しいかはわかっていない。確かなのは、安土桃山時代から江戸時代を通じて、明治時代にも活躍した大型木造帆船を総じて「弁才船」と呼んでいることだ。もともとは、江戸時代初期に瀬戸内海で活躍した中〜小型船が発祥で、それが全国に広まって活用されるようになった。当時の船の積載量はその船が積むことができる米の石数（1石は約150kg）で表されるが、このころの弁才船の主力は250石積前後だったといわれている。しかし、元禄期（1688〜1704年）には大型化し、江戸時代後期には1000石積みが主流になっていった。それが普及していくにつれ積石数に関わらず、大型廻船と弁才船の意味をもった「千石船」という呼び方が一般化するようになった。ちなみに有名な北前船（大坂から下関を経て、日本海を通り北海道まで運行）や菱垣廻船、樽廻船（ともに江戸と大坂間を運行）も全て弁才船に含まれる。ただし、北前船は日本海を航行するために少し形状が異なる。樽廻船は酒どころである灘から伊丹、池田で造られた下り酒を江戸まで運んだ。

　弁才船は、日本独自に発達した船で、鎖国が生んだ船ともいえる。特徴の一つは、大きな帆に風を受け、それを機動力にしている点である。もう一つは、船体が板を継ぎ合わせて造られている点だ。弁才船の中央には、大きな帆柱（マスト）があって、帆桁と組み合わせて一枚の大きな帆を張る。風任せで動くので帆の向きと高さを調節しながら航海していくのだ。外国船に見られるような側面の板を打ち付けるような骨格は存在しない。底や側面など全ての板は、船体に合うように曲げて、船首に突き出した水押と呼ばれる材に結合されている。製造時に板を曲げる際には、熱を加えながら力をかける。板を継ぎ合わせる角度や曲げ方、板枚数を変えることで船を大型化するのが簡単であるという利点をもっている。

　弁才船の操作は、帆と舵の調整だけなので、少ない人数で動かすことができた。310石積程度なら5〜6人もいれば、航行できたようだ。動力は風に頼っている

ので、当然気象条件に左右される。**半田から出向した弁才船は、一旦、鳥羽周辺の湊へ入り、東方面の航路状態を確認、その後、出向して伊豆半島へ航行する。伊豆では、下呂・長津呂の湊から浦賀へ入り、浦賀の番所で改めを受けて江戸で荷を降ろした。**この航路での一番の難所は遠州灘で、所々に浅瀬があったり、強い北風が吹いたりして航行する船を阻んだそうだ。半田を出てから江戸までは、1～2週間の道のりで、1ヵ月～2ヵ月で1往復し、年間で5往復ぐらいするのが一般的だった。

　半田市にある「ミツカンミュージアム」（愛称MIM（ミム））で、当時の弁才船が再現されている。同館は、五つのゾーンがあり、お酢についていろんなことが学べる施設。そのうちの「時の蔵」に長さ約20mの弁才船が設置されている。甲板の上に乗ることができ、その場所から大型スクリーンにて半田から江戸までお酢を運ぶ航海を体感できるのだ。「MIM」に実寸大で復元された弁才船は、為次郎という船頭が乗っていた310石積の富士宮丸である。弁才船としては、いささか小型だが、半田周辺ではこの大きさの方が便利だったようだ。小回りがきき、積荷の準備や積込にかかる時間を短縮できた。そのため粕酢の輸送には、復元された富士宮丸のような弁才船が活躍していたものと思われる。

復元された弁才船（ミツカンミュージアム（MIM）所蔵）

column

鱧の押し寿司

骨切りという特異な技が、鱧（はも）の押し寿司を定着させた

　京都や大阪では、夏の寿司として鱧の押し寿司をよく見かける。関西だから押し寿司であると言われればわからないではないが、なぜ握り寿司に使われないのだろうか。

　そもそも鱧は、関西の夏を彩る魚として知られる。祇園祭や天神祭は、鱧祭とも称され、その時季の魚としてもてはやされる。ところが本当の旬は晩秋で、冬眠前にせっせと餌を食べて肥える11月〜12月中旬が一番旨いのだ。鱧を夏の魚に祭り上げたのは、京の料理人達だ。人力で食材を運んでいた時代に海から離れた京の都では、使う素材に困っていた。海から京まで運んでいるうちに暑さで魚がダメになってしまうからだ。

　そんな時に彼らが目をつけたのは、瀬戸内でとれた鱧だ。鱧は生命力が強く、水から揚げても皮膚呼吸だけでも24時間もその生命を保つといわれており、京の都まで鮮度を保って運ぶことができると考えられた。ところが、鱧には、骨が多いという厄介な点がある。鱧は海底で暮らしているために筋肉や背骨が強く、小骨も身の中に無数に走っている。ある料理人が作った鱧の骨格標本には、何と3421本もの小骨があったそうだ。京の料理人は、何とかこの鱧を使おうと、鱧の骨切りという技法を編み出す。それは皮と身のすれすれのところで包丁を止めて切るという技だった。都合のいいことに京の周辺には、堺・三木・越前・関などの包丁の産地もあったので、その需要を満たす鱧切り包丁も生まれ、その技術が広く上方に伝わっていった。

　一寸（3.03cm）の間に24回も包丁を入れて切る鱧は、その形状からも握りには不向きである。身の淡泊さからも甘めの醤油ダレを塗った押し寿司や、ちらし寿司の具材として用いる方があっているだろう。歴史に裏打ちされたことではあるが、今でも首都圏には鱧の骨切りができる料理人が関西に比べて少ないと聞く。そんな要因も重なり、鱧寿司といえば押し寿司が一般的となっている。

鱧の骨切りの様子

7-5 ● 巻き寿司

巻き寿司は、当初フグの皮や和紙で巻いた?!

● 江戸中期にふとしたことで巻き寿司が誕生

　6章に示した寿司の系譜図（図6-1）を見ればわかるように、巻き寿司や稲荷寿司は、姿漬け早ずしから発生したものである。切り身漬け早ずしから派生した箱寿司や握り寿司とは、系統が若干異なるのだ。

　江戸時代には、様々な出版物が作られ、風俗を伝える日記類も充実している。それらの文献から検証すると、どうやら巻き寿司は、1750～1776年（寛延3年～安永5年）の間に誕生したようだ。浅間山が大噴火し、さらに大飢饉が起こった1783年（天明3年）には一般化していたらしい。江戸中期の宝暦から天明の頃にこんな逸話が残っている。江戸の料理屋の2階である商人（札差）が酒を飲んでいた。彼は、酔いが回っていたのか、店に文句をつけ出し、「今まで喰ったこともないものを出せ」とせがみ、「例えば、鯖寿司を、飯と魚がひっくり返したものにしてみろ」と言ったらしい。料理人は思案した挙句、魚の上に飯を置くのではなく、魚を細い芯状にしてその周りをご飯で固め、輪切りすることを思いつく。ただ、それでは外側に飯が出るために食べる時に手がベタつく。そこで和紙やフグの皮を巻きつけた。しかし、これでは食べる際に、いちいち和紙や皮を取り出さねばならない。それならばいっそのこと、食べられる海苔で巻いたらどうかと考えた。逸話自体の真偽は確かではないが、このようなふとしたきっかけで巻き寿司が誕生したのだと考えられている。

　現在では、巻き寿司を海苔などで酢飯や具材を巻いたものと定義できるだろう。1716年（文化5年）頃、品川で海苔の養殖が始まり、江戸市民には海苔が好まれていたという背景もある。ただ当初から海苔で巻いていたかというと、そうでもなく、上述のとおり、誕生初期はフグの皮や和紙で巻いていたと思われる。巻き寿司は、『料理山海郷』（1750年）に初めて"巻鮨"として紹介され、『新撰献立部類集』では作り方まで掲載されていた。『名飯部類』や

『豆腐百珍続編』でも紹介されていることから考えてもかなり流行したのだろう。ちなみに『新撰献立部類集』には、「簾の上に海苔、またはフグの皮、または紙を巻き、そこに飯を広げて魚身を載せ、簾を固く巻きつける」、「食べる時は、紙を剥（は）がして小口に切る」と紹介している。小口から輪切りにして食べるのは、姿寿司・棒寿司と同じだ。そのため、姿漬け早ずしから派生したと考えてもおかしくはない。海苔は、その風味を活かすのではなく、巻き簀に飯がつかないように用いたもので、いわば食べる時や作る時のアイデアである。こうして江戸で生まれた巻き寿司は、やがて全国へ広まっていく。海に近い地域では、海苔や昆布、ワカメなどで巻き、山の中では高菜の漬物が巻き材として用いられた。芯も魚から玉子焼き、干瓢、にんじんなどの精進ものに変わっていった。『守貞謾稿』には、「江戸の海苔巻きは干瓢のみを巻くが、京坂（上方）では椎茸とウドを入れ、巻き寿司という」と記され、江戸庶民向けの寿司屋では、冬になると昆布巻きを売ったとも書かれている。巻き寿司は、明治時代までは店舗での提供ではない屋台売りが主流だったようだ。明治から大正期にかけては家庭でも作って食べるようになっている。だから庶民派の寿司なのであろう。

　巻き寿司には、地域的特色がある。江戸前寿司の基本は細巻きで、具に干瓢を用い、丸く巻くのが一般的だが、関西は太巻きを好み、大判の海苔で巻き、具は玉子焼き、干瓢、椎茸、海老のおぼろなどだ。その中間にあるのが中巻きと呼ばれるもので、具は2〜3種で酢飯は細巻きの倍くらい。中巻きは、昭和中期以降に持ち帰り用として流行したと伝えられる。ネーミングでユニークなのは、鉄火巻きとカッパ巻きである。前者はマグロを熱せられ赤くなった鉄に見立てて命名している。鉄火場（賭博場）で食べやすいことも加味して名づけられた。後者は河童の好物がキュウリだったことに由来した。また、軍艦巻きは、その形状から軍艦に見立てたもので、イクラやウニなど握りにくい具のために考えられたとも伝えられている。

7-6 ● ちらし寿司

ちらし寿司か、五目寿司か、はたまたばら寿司か？

● 呼び名すら定まっていない押さない寿司

押しても握っても巻いてもいない「ちらし寿司」というジャンルがある。五目寿司やばら寿司とも呼ぶこの種の寿司は、図6-1の寿司の系譜図では、握り寿司同様に箱寿司から派生したものとされている。つまり切り身漬け早ずしの進化系というわけだ。江戸時代後期の料理書『名飯部類』には、「おこしずし」や「すくいずし」と呼ばれるものが登場している。寿司飯に具を入れて混ぜ合わせ、箱に詰めて重石を載せて作るこれらの寿司は、食べる時にヘラを用い、ご飯を掘り起こして皿に盛る。要は掘り起こすから「おこしずし」と呼ばれたわけだ。「おこしずし」と「すくいずし」も宴席には皿に入れず、箱に詰めたまま出す。宴席にいる人（男）は、酒に酔っているためヘラを使いこなすのが難しく、小皿に取ったとしてもせっかく押さえた寿司がぐちゃぐちゃになる。ならば初めから押さえなくてもいいのではないかと珍しい"押さない"寿司ができた。こうしてちらし寿司が誕生したといわれている。

ちらし寿司は、その形状から「散らしずし」と書く。五目寿司は、いろんな具が入っているからで、ばら寿司は、先の「おこしずし」の例から押しを掛けながらもやがてご飯がバラバラになる様を表したネーミングだ。これらの定義は、同じと考えるのが一般的で、言葉で説明すると、「酢飯に多種の具を合わせて作ったもの」となる。ただ厳密には、ちらし寿司は、ご飯の上に具を載せた（散らした）もので、俗に江戸前ちらしと呼ばれ、寿司屋でよく見るものを指し、一方、五目寿司は、寿司飯に具材を混ぜ込んだものをいうのだといわれることもある。そうだとすると家庭でよく作られるものは、五目寿司と呼ぶべきだろうか。今でも静岡県では、この二つのフレーズを使い分けているようだ。

静岡のちらし寿司（上）と五目寿司（下）

ちらし寿司の発祥は鎌倉時代と考える説もある。これは備前福岡（現在の岡山県瀬戸内市）に伝わる「とどめせ」で、船頭の炊き込みご飯に誤って酢酸発酵の進んだどぶろくを加えたのが始まりだといわれている。どぶろくめしが転じて「とどめせ」になったという。これが、ばら寿司のルーツとも伝えられているが、真偽は不明だ。岡山では、ちらし寿

岡山祭寿司

司を「ばら寿司」と呼ぶが、その発祥は江戸時代初期らしい。岡山藩主である池田光政が庶民に質素倹約を促し、祭ごと以外では「一汁一菜とする」と命じた。これに反発した庶民は、魚や野菜をご飯に混ぜて見ためには一菜を守るように見せかけた。具がたくさんあって中味はごちそうでも「これなら茶碗一膳」とばかりに涼しい顔で食べたのだろう。ただ、当時はまだまだなれ寿司の時代で、酢を合わせた寿司飯などあまりなく、史実としては疑わしいところもある。江戸前ちらしの発祥は、江戸後期で、そもそもは寿司職人のまかないとしてできたともともいわれている。酢飯に具（魚など）を載せ、錦糸玉子や海苔で飾り付けしたと伝えられる。

　江戸時代後期の『守貞謾稿』には、「散しごもく」という料理が載っており、アワビや魚の刺身に、椎茸、蓮根、筍などを刻んで、ご飯に混ぜた寿司をそう呼んでいる。同書が紹介するぐらいだから江戸時代の終盤には、ちらし寿司が広まっていたものと思われる。

　冒頭のちらし寿司と五目寿司の違いでいうなら、東日本は江戸前ちらしから派生し、酢飯の上に生魚や錦糸玉子の具を並べたものが今でも主流だろう。それに対し、西日本は、酢飯の上に錦糸玉子や海苔を散らし、高野豆腐や干瓢、椎茸、焼いたり煮たりした魚介類を使っているケースが多いように思える。つまりこちらは五目寿司ということになる。ちらし寿司（五目寿司）から考えられたという「蒸し寿司」も京都でよく見られる。こちらはちらし寿司（五目寿司）を丼に盛り付け、蒸籠で蒸して温めて提供する。「寿司を温めるのか！」と驚く人もいるだろうが、温めることで酢飯がふっくらまろやかになり、冬には最適である。

7-7 ● 稲荷寿司

東西差が顕著な稲荷寿司

● 最も賤価と評された庶民派寿司

「稲荷寿司はデザートである」という人がいる。甘辛く煮た油揚げとそこに詰まった寿司が、その味わいから、おかずの域を少し外れているように思えてそんな見方をするのだろう。稲荷寿司は、酢飯を甘辛く煮付けた油揚げで包んだ寿司と定義できる。発祥は江戸時代といわれているが、どこで誰が作ったものかは不明だ。幕末に江戸に流行したとされているが、江戸時代の料理書にはほぼ載っておらず、江戸後期に浅野高造によって書かれた料理書『素人包丁』ですら、稲荷寿司を取りあげていない。寿司といっても庶民の手軽な食べ物とみなされており、「最も賤価」とか「はなはだ下直（値段が安いこと）」と評されていたようだ。ただ江戸末期の風俗を記した『守貞謾稿』のみは、「天保年間の末年にキクラゲや干瓢を刻んで混ぜた飯を油揚げの小袋に詰めた寿司売りがおり、これを"稲荷ずし"、"篠田ずし"と呼んだ」と伝えている。ここで出てくる「篠田」とは、安倍晴明が稲荷の狐が化身した女性（葛の葉）と人間の男性との間に生まれた子であるという葛の葉伝説からきている。この話から、狐の好物が油揚げとされ、話に出てくる信太の森に因んで、油揚げを使った料理を「信太」と呼ぶことから名づけられたものだ。

7-5でも述べたが、稲荷寿司も姿漬け早ずしから派生したものである。つまり姿寿司の変形版で、稲荷ずしが出始めた江戸末期には、一本をカットして売っていた。1852年（嘉永5年）に書かれた『近世商賈尽狂歌合』の中に提灯を灯した稲荷寿司売りの絵が出てくる。この露天では稲荷寿司売りが包丁を前に「一本が16文、半分が8文、一切れが4文」と歌って売っている。包丁を持って売り歩く様は、他の文献にも出てきており、ザル・木桶・木箱・籠を前後に付けた天秤棒を担ぐ様子も見られるのだ。このように稲荷寿司は、寿司屋で

はなく、露天商がほとんどだった。昼夜売っているが、夜が主で提灯に鳥居を描いたり、狐の顔を図案化した幟を立てたりして売っていたそうである。稲荷寿司が寿司屋で好まれない理由は、「下直な食べ物」であるため、自分達の握る寿司とは違うのだと暗黙のうちに主張していたのかもしれない。加えて油で手がベタつくのも嫌った理由だろう。

　稲荷寿司は、巻き寿司以上に地域差がある。東西で用いる砂糖の量が変わり、東日本は寒いために濃い味になり、西日本は暖かいから薄い味になっている。形は東日本が四角なのに対し、西日本は三角。その境界線は、石川県から岐阜県を通り、三重へと抜けるラインだといわれている。東の四角は米俵をイメージしたもので、中味は白い酢飯で、あってもせいぜいゴマを混ぜるぐらいだ。それに対して西は狐の耳を模した三角で色んな具が入り、五目寿司を詰めたものになっている。明治時代に成立した『天言筆記』には、飯や豆腐がら（おから）などを詰めてワサビ醤油で食べると書かれている。このように様々なパターンがあるのも稲荷寿司の特徴の一つで、地方に目をやると、今でも栃木県の名産である干瓢に揚げと同じ味付けをして巻いた「かんぴょう巻き稲荷寿司」や、紅しょうがを刻んで、餅米の酢飯に食紅と一緒に混ぜ込んで作るピンク色の「赤いおこわを詰めた稲荷寿司」（青森県津軽地方）、そば・クルミ・舞茸などの具が入った「笠間稲荷寿司」（茨城県）などが

守貞すし絵、稲荷屋台（国立国会図書館所蔵）

ある。日本三大稲荷の一つである豊川稲荷にも古くから稲荷寿司売りが出て名物となっていた。一説では、豊川稲荷が発祥との話もあるにはあるが、定かではない。

　幕末にブレイクした稲荷寿司は、瞬く間に広がり、明治初期には各地の宴席で出ていたようだが、わずか20年ほどで全国に普及したのであろう。

7-8 ● 柿寿司

柿葺屋根に見立てた押し寿司

● 今も点在する室町期発祥の切り身系寿司

　「柿寿司」と書いて「こけらずし」と読む。似てはいるが、「柿」と「柿」は字が違い、漢字のつくり（字の右側）が突き抜けている方が「柿」である。柿の意味は、材木を削る時に出る木片を意味し、その細片を板屋根の上に瓦のように並べたものが「柿葺」と呼ばれる。この柿葺に見立て、具材を酢飯の上に散りばめ、何重にも重ねて作る押し寿司を「柿寿司」と呼んだ。寿司の系譜では、柿寿司は、切り身漬け早ずしから進化したものだ。発酵ずしから早ずしへと進化する中で室町時代にはすでに登場している。京の吉田神社の神職・鈴鹿家に伝わる『家記』（1336〜1399年）の記録の中に、神事や宴会の献立に鮒寿司・宇治丸（鰻寿司）・鮎寿司と一緒に柿寿司の記述が残されている。魚肉の薄切りを飯の上に載せた様子が似ていることから名づけられたようだ。また、魚の鱗も「こけら」と言い、後に鱗鮓という記述も出てきている。

　ともあれ柿寿司とは、押し寿司に類するもので、今でこそ高知県東洋町や兵庫県淡路市などに細々と伝わる郷土寿司扱いになっているが、一時期は関西の押し寿司として一世を風靡した存在であった。よく江戸時代後期には、江戸の握り寿司、大坂の箱寿司と双璧のように伝えられるが、『守貞謾稿』には、文政末期から天保初め（1830年）頃に大坂の大宝寺町心斎橋筋西南角に「福本」という寿司屋があってそこで出す柿寿司が大流行したと記されている。載っている具の厚みが１分半〜２分（約６mm）もあり、その豪華さが浪速っ子のハートをつかんだのが流行の要因だろ

浪花自慢名物尽福本すし（国立国会図書館所蔵）

う。江戸後期の料理書『名飯部類』にも柿寿司が載っているし、それより前の1728年に書かれた『料理網目調味抄』でも「鱗鮓」として紹介されている。『守貞謾稿』には、押しを掛けた後に包丁で切って食べるとあり、京坂（京・大坂）では、この形態はトリガイを使うのが常だが、これとは別の鯛や鮑・玉子焼きを盛り合わせたのが柿寿司だと伝えている。

農林水産省の「うちの郷土料理」には、今でも作られている例として高知県東洋町と兵庫県淡路市の柿寿司が郷土料理として挙げられている。前者は、今の安芸郡東洋町に伝わるもので、同地では、約160年前から柿寿司が作られていたようだ。野根（現在の高知県安芸郡）の素封家・北川家の記録（1864年）に出産祝いの見舞いの品としてそれが出てくる。東洋町の柿寿司は、鯖などの魚・玉子・椎茸などを使っている。四角い木枠に酢飯と具を重ねて行き、押して作るそうだ。具を幾重にも重ねる様が喜びを重ねる意味を表し、祝い事などで採用された。見ためにも華やかで、カラフルな彩りが特徴的だ。ちなみに同地では、お酢代わりに柚子酢を使って作るそうだ。

　一方、淡路市の柿寿司とは、東洋町とは異なり、見ための華やかさは劣る。乾燥させた鯛やベラ、トラハゼなどのそぼろを酢飯に載せて押して作っている。淡路市でも西浦海岸辺りに柿寿司を作る習慣が根強く残っており、特に淡路市西浦の中でも岩屋から育波までの狭い地域でベラの柿寿司がよく食されている。地元の人の話では、「室津まで南下すると、ベラの身が柔らかく、柿寿司に適さない。子を持つ6月から盆までがベラの旬で、その時季になると、各家庭で柿寿司を作る習慣がある」そうだ。2019年には、兵庫県で柿寿司を郷土料理にしようとの動きがあって有馬温泉でその発表会が催された。大坂寿司（箱寿司）の経験のある寿司職人や老舗旅館の料理長が、兵庫県にちなんだ新たな柿寿司を発表してマスコミを湧かせた。これは、インバウンド需要を意識し、寿司は好きだが、生を苦手とする外国人に対し、加工した寿司ダネで作る柿寿司を提案した。

　高知県や兵庫県以外でも三重県（尾張地方）のサンマ寿司や、滋賀県のビワマスで作る柿寿司、和歌山県で作られる柿寿司など今も全国に点在する。和歌山県では田ノ浦漁港は塩ヒメジを使い、雑賀崎ではエソのそぼろを使うなど、魚が異なる。その土地土地で使われる魚が違うのも柿寿司の特徴の一つかもしれない。

column

洒落っ気のある江戸っ子が名づけた「助六寿司」

花魁の名をつけず、なぜかその恋人の名に

稲荷寿司と巻き寿司をセットにした弁当を「助六寿司」と呼ぶ。普段何気なく買っているものだが、その由来が歌舞伎にあることは知らない人も多いだろう。助六は、歌舞伎の演目「助六由縁江戸桜」に出てくる江戸一番の伊達男である。黒の着付けに江戸紫の鉢巻きを巻いた粋な姿から何となく巻き寿司を想像する。その助六の恋人で吉原の花魁が揚巻である。揚げ（稲荷寿司）と巻き（巻き寿司）なので、その弁当を「揚巻」にしてもよかったのだが、そこを「助六」としたのは、洒落っ気のある江戸っ子らしいネーミングだ。そもそもこの話は、元禄期に大坂で起こった万屋助六と遊女の揚巻の心中事件に端を発している。浄瑠璃や芝居で脚色し、流行したのを歌舞伎版にして「花館愛護桜」と名づけて江戸の山村座にて二代目市川團十郎が演じた。この話を原型に江戸時代末期に七代目市川團十郎が演じたのが「助六由縁江戸桜」である。幕間に出された弁当が売れて、以来「助六弁当」と呼ばれるようになったそうだ。

　寿司には、このように歌舞伎などの昔のエンターテインメントにちなんだネーミングが多くある。寿司のことを「弥助」と呼ぶのは、歌舞伎「義経千本桜」の鮓屋の段からだ。弥助とは、平維盛のことで、源平合戦・屋島の戦いで敗れた後に旧臣・釣瓶鮓弥左衛門を頼って吉野下市村で隠遁していた。そこに源氏の追手が迫ってくる。弥助と名乗る平維盛を守ろうとするのが乱暴者の権太で、話は佳境へと進んでいく。この演目から寿司のことは「弥助」と呼び、乱暴者の意味を示すのを関西では「ごんたくれ」とも「権太」とも呼ぶようになった。ちなみに吉野下市町には「つるべすし弥助」がある。現存する最古の寿司屋として今も残っているのだ。49代目店主によれば、1600年に朝廷に上納したのが一番古い商売の記録らしい。

小舟を意味するポルトガル語からネーミング

　ネーミングの妙でいえば、「バッテラ」も面白い。バッテラとは、酢飯の上に酢〆めした鯖の身と白板昆布を重ねて型抜きしたもの。いわば押し寿司の一種である。この手の寿司が誕生したのは、明治時代である。考案者は、今も大阪天満宮そばに

ある「寿司常」の初代の中恒吉だ。誕生のきっかけは、大阪湾で大量に水揚げされたコノシロだ。その使い道に頭を悩ませた人が、当時、順慶町にあった「寿司常」に相談を持ちかけたことによる。コノシロは、ニシン目ニシン科の魚で、伊勢湾や瀬戸内西部、九州でよく獲れる。お酢との相性がよく、酢〆めして使うことが多い。

相談された恒吉は、コノシロを三枚に卸して、その半身で姿寿司を作った。当初は、布巾〆めして作っていたが、手間がかかるのと、時間もかかるので、いっそのこと押し型を作ってしまえと思い立ったようだ。**コノシロの頭と尾を落とした魚の型を木で作ってもらい、そこへ身と酢飯を入れて押し抜いた。客にそれを提供したところ「バッテーラ（小舟の意味）だ」と言ったので、その名がついた。**「寿司常」が創業した明治24年ごろは、ロシアの大型船が堺沖に停泊し、小舟で物資を運ぶのが話題となっていた。それに水上警察も河川をパトロールするのに短艇（小舟）を航行させていた。小舟のことをポルトガル語で「バッテーラ」と呼ぶので、魚型で抜いた押し寿司をそれになぞらえたのだろう。

では、なぜ魚が鯖に代わったのか？ 現店主・石川里留さん（中恒吉の玄孫である石川富美子さんの夫）の話では、「たくさん獲れて安価だったコノシロの水揚げ量が少なくなり、値段の安かった鯖に取って代わられたのでは…」との見解だ。押し型も舟型ではなく、押しやすいとの理由から箱型が主流になったらしい。ちなみに「寿司常」は、令和の今でも昔のような舟型で押し抜いてバッテーラを作っている。

column

旅する鯖が辿ったルートとは…

複数存在した鯖街道

　京都の名物に鯖の棒寿司がある。作り方は、塩鯖を三枚に卸し、酢水で洗った後に酢の中に入れて30分ぐらい漬ける。その鯖の身を寿司飯の上に棒状に載せ、巻き簀で押さえて竹の皮に包み、軽く重しをする。翌日には味がなじんでおり、それを食すのだ。京都ではハレの日のごちそうで、京の三大祭りには欠かせないものとなっている。

　当然ながら京の都は海に面していない。そのため、日本海で獲れた魚介類を陸送して海の幸を味わった。**福井県の小浜から京までの運搬ルートを「鯖街道」と称し、交通機関のなかった時代には、物流ルートとして多くのものが行き交った。その中でも多かったのが鯖の運搬だ。その昔は、小浜で獲れた生鯖を塩〆めして行商人が運んでいた。京へ到着するまでに丸一日を要したそうで、軽く塩をした鯖は、京に着く頃には、いい塩加減になっていたという。**

　小浜からの輸送ルートは、古くは飛鳥時代から存在していたようだ。若狭（わかさ）は、かつて御食国（みつけのくに）と呼ばれ、古くから海産物が都へと運ばれた記録がある。奈良時代には、朝廷への税として塩漬けした魚介類を納めており、平城京から出土した木簡がそれを証明している。都が平安京へ移ってからは、距離も近くなったことからさらに往来が盛んになった。小浜には「京は遠くても十八里」なる言葉があり、たかだか約72kmぐらいなら一昼夜かけて人力で運んでもしれていると思っていたのだろう。1607年（慶長12年）に小浜藩主である京極高次が流通の拠点として整備した。小浜市場について記した『市場仲買い文書』には、「生鯖塩して担い、京へ行き仕るに候」という記述が見られる。これが今も伝わる鯖街道に由来したものになっているのだろう。小浜の商人、板屋一助が1767年（明和４年）に著した『稚狭考（わかさこう）』では、かつては能登沖の鯖が有名だったが、それが獲れなくなって若狭の鯖が脚光を浴びたと書かれている。そして江戸時代には、それが活発に鯖街道を通じて京まで運ばれていたようだ。若狭から京まで運ばれるものは、若狭カレイに若狭グジといろいろあったが、その中でも質のいい鯖がもてはやされたようだ。今の世なら車で一時間半もあれば到着するが、前述のとおり、**この時代は人の足なので一昼夜かかる。ただ約72kmぐらいの距離だからそんなに強く塩をしておかなくてもいい。薄く塩〆めすると京へ着く頃には、ちょうどいい味になっていたそうで、京ではそれを「若狭のひと塩もの」と呼んでいた。**一方、起点となる小浜では、「四十物（あいもん）」と呼び、鮮魚と塩乾魚（えんかんぎょ）（塩漬けにし乾燥させた魚）の中間にあたることから人々から喜ばれたそうだ。鯖の「四十物」が生まれたのは、18世紀のことだといわれて

いる。若狭の鯖が有名になったのは18世紀初めで、刺し鯖（背開きの塩鯖を二尾重ね、頭を刺して一つにしたもの）は、関東圏にまで名が轟いていた。

　鯖街道は、小浜を起ち、熊川宿を抜けて朽木から大原へ。そして出町へ到るのが最もポピュラーなルートだが、何もそれ一つではなく、複数のルートがあった。小浜から湖西を行き、今津へ出てそこから水運を利用し、大津へ運び、再び陸路で京までいくルートもあったし、今津からひたすら陸路を行く道のりもあった。東の鯖街道と呼ばれるものは、小浜から根来坂峠〜小入谷〜経ヶ岳を越えて行き、花背峠からは鞍馬街道で洛中に到る道のりだ。一方、西の鯖街道は高浜を起点に高浜街道・周山街道を歩いて洛中へ到る。いずれにしても、これらの鯖街道沿いには、今も名物となる鯖寿司が見られる。リアス式海岸の若狭湾から京まで運ばれる鯖は、まるで旅する魚である。

絵：コダイラショウヘイ

7-9 ● 関東大震災と寿司職人

握り寿司全国化へ導いた寿司職人の移動

● 皮肉なことに災害は、新しい文化を呼ぶ

江戸後期に江戸市中で誕生した握り寿司は、明治時代にはかなりポピュラーな存在となっていた。とは言うものの、依然関西は押し寿司が当たり前で、握り寿司は、1923年（大正12年）の関東大震災までは、東京の郷土料理的扱いだった。1910年（明治43年）に「與兵衛鮓」の四代目主人の弟だった小泉清三郎が、同店の仕事を知る握り寿司の手引書として『家庭鮓のつけかた』を著しており、そこには幕末の頃から粕酢を使っていると書かれており、関東の寿司屋では、粕酢がすでに定着したのに対し、関西は押し寿司が主流で米酢を活用していたとある。つまりこの頃から「関東の粕酢、関西の米酢」という言葉が生まれていたものと思われる。

屋台からスタートした握り寿司屋だが、明治時代に入ると屋台と内店の二分化が顕著になった。「與兵衛鮓」のような座敷で寿司を提供する高級店とは別に、内店形態の寿司屋は小あがりがあるものの、出前と土産を中心に商いをしていた。多くの店舗は、屋台も有しており、屋台は残ったタネの売りさばきや小銭稼ぎを目的としたもので、店の息子や年寄りがその手の商売を担った。昼は店舗で稼ぎ、夜に屋台を出すというパターンだったようだ。一方、屋台の寿司屋は椅子を置いておらず、立ち喰いが主で、一人で手が回らないとの理由で酒も扱っていない。現在の寿司より大きく、一口半か二口で食す握り寿司は、あくまで小腹を満たすスナック感覚だったのである。ちなみに今も寿司屋の湯呑みが大きいのは、屋台時代の名残。何度も入れ替えなくていいように大きなものを使っていたようだ。

前述のとおり、握り寿司のタネは下処理したものが主だったが、明治末期に氷冷蔵庫が登場してくると、鮮魚の保存も変わってしまう。生鮮好きの日本人には、下処理した寿司ダネは不評になり、加えて寿司ダネの種類も増えていった。

握り寿司が東京の郷土料理から脱皮していくのは、関東大震災がきっかけだ。大正12年9月1日に発生した関東大震災は、首都・東京や神奈川に大き

関東大震災 深川黒亀橋の惨害
（一般財団法人 招鶴亭文庫所蔵）

な被害をもたらした。東京市（麹町区を中心に現在の新宿区あたりから江東区）内の家屋の約6割が罹災し、死者・行方不明者は10万人以上にも及んだ。「こんな恐ろしい場所にいられるか」とばかりに故郷へ帰った人が多数いたそうだ。職を失い全国へ散った人の中には寿司職人も含まれている。手に職を持つ寿司職人が地方で握り寿司屋を始める。こうして握り寿司は全国普及の第一歩を踏み出している。

　いつの世も大きな災害は、新しい文化の創生に繋がる。飲食店の始まりが、1657年の明暦の大火後に浅草金龍山前にできた奈良茶飯屋だったように、関東大震災でも新しい文化が生まれている。その一つが外食文化の普及だ。政府は、大量の生活困窮者のために安価な公衆食堂を設置。それ自体は一般的にあまり活用されなかったようだが、これを機に民間でも食堂を開く人が増え、結果的には外食文化が根づくようになっていく。それまではせいぜい屋台だったものが、食堂が流行するにつれ、西洋料理を和風化して出す店もあった。トンカツ、コロッケ、カレーライスが大衆食堂メニューになったのもこの頃のことだ。震災で店を潰した牛鍋屋に変わって関西のすき焼き屋が進出。牛肉を鍋の中で焼くすき焼きと、味噌を用いた割り下で作る牛鍋が合体し、今のすき焼きが生まれている。震災後は、関西の店が多く東京に出店し、「関西風」なる味が首都圏でポピュラーになっていった。寿司屋でいえば、器が皿からすし桶（盤台）になったのも震災後だ。地震で皿が割れたために軽くて破損の少ない桶が見直された。だが、白木では汚れが目立つので漆を塗った盤台が用いられ、今もそれが江戸前寿司の主流をなしている。

7-10 ● 戦後の寿司業界

終戦後の委託加工制度がもたらした握り寿司の全国化

● 寿司屋は飲食業にあらず！加工業者だ！

　握り寿司が全国へ広まる第一歩は、関東大震災後の寿司職人の移動であることは前節で述べた。それがさらに全国に広まったのは、第二次世界大戦後の昭和の世情を反映してのことだ。米英や中国と戦争をした第二次世界大戦は、日本の場合、1945年（昭和20年）8月15日に終戦を迎えている。1945年5月にドイツが無条件降伏。その後、日本は広島や長崎への原爆投下とソ連の参戦によって敗戦が決定的になり、ポツダム宣言を受諾して降伏した。東京大空襲を経て首都は焼け野原になり、全国の主要都市も爆撃を受けて悲惨な状況に陥っていた。

　国を挙げての食糧難で、外食どころではない有様だった。人々は生きていくだけで精一杯で明日をも知れぬ不安とともに生きていたのだ。政府は外国に食糧の援助を促した手前、食料品や飲食業の取り締まりが激化した。米の飯は、決められたわずかな施設以外では売ってはいけないことになった。1947年（昭和22年）に「飲食営業緊急措置令」が発令されるや、飲食業者は、米を売ることも、食べさせることも一切禁じられたのである。

　「これでは、商売が立ち行かなくなる」と考えたのであろう、東京都鮨組合の有志が警察と行政に掛け合い、交渉の末に一つの事例を勝ち取る。それが委託加工制度である。寿司屋は「自分達は飲食業者ではない。仕事は寿司を握ることで、客が米を持ってきてそれを加工しているだけ。いわば加工業者である」と主張した。一見、不可思議な論理のように思えるが、何と警視庁がそれを通してしまう。行政のバックにはマッカーサーが率いるGHQもいるので、総司令部も認可したことになって、飲食店でも寿司屋だけが委託加工制を認められた。

　この委託加工制度は、客が寿司屋に米一合を持っていくと、それを寿司職人が握って握り寿司10個（海苔巻きも含む）と交換するシステムで、寿司屋は、タネ代と加工賃を得る仕組みになっていた。この時の寿司ダネは、魚介類では川魚と貝類のみ。他に干瓢や椎茸、おからで作ったそぼろもある。海の魚は、食糧統制の関係上使ってはいけないことになっていた。これに倣って他の府県の寿司組合でもそれを導入した。ここで特筆すべきは、東京都鮨組合が勝ち取った事例なので、東京では一般的だった握り寿司がその交換品となっていたこと。「米一合につき、握り寿司10個」が条件だったために他府県でもその事例を踏襲。委託加工制を取り入れる

場合は、交換物として、まだ全国に普及し切れていなかった握り寿司に限ったのである。握り寿司しか正当に商いができなかったせいで、上方寿司（押し寿司）の店も東京風（握り寿司）に変わってしまった。いわば、戦後の委託加工制度が握り寿司の全国制覇を招いたわけである。同制度では、米の量と寿司の数が決められたのだから自ずと握り寿司の大きさも規格化され、1貫がぐんと小さくなったといわれている。今でも寿司屋で握り寿司を一人前注文すると、10貫が出てくることが多い。これも交換条件の寿司10個に倣ったのがその基となっている。

　昭和20年代後半になると、寿司屋にカウンター席と種ケースがあることが当たり前になってくる。カウンターは、その昔、内店に屋台形態を取り入れたことがあってその進化版ともいわれている。昔風の店を覗くと、屋内にも関わらずカウンターには屋根っぽい装飾があって、その下に暖簾が掛かっている。それこそが屋台の名残なのだ。公衆衛生上の問題もあって戦後、寿司屋の屋台は廃止されたのだが、寿司といえば屋台発祥だからか、こんな所にその雰囲気が未だに残されている。屋台の寿司屋では、握った寿司を並べてはいたものの、寿司ダネは大っぴらに見せていない。種ケースの登場は、寿司ダネを眼前に披露し、注文によって握るスタイルを確立した。食材を見せて訴求する演出法がそれによって根づいたといえるだろう。

現存する委託加工制度看板
（浅草宝来鮨所蔵）

7-11 ● 回転寿司の誕生と普及

人手不足の解消から発案された回転寿司

● ビールコンベアから「元禄寿司」が発想

　握り寿司に低価格化の波をもたらしたのは、回転寿司の存在が大きい。回転寿司の生みの親は「元禄寿司」（元禄産業）の創業者の白石義明氏である。彼は、1938年（昭和13年）に当時の満州国の大連にて天ぷら屋をスタートさせている。満州では氷の天ぷらを出して有名だったそうだが、終戦で帰国し、大阪府布施市（現在の東大阪市）で小料理屋「元禄」を営んだ。やがて寿司屋（元禄寿司）を始め、店は大繁盛していたらしい。客があふれ、職人の能力は限界に達していたという。「もっと効率化する方法はないものか？」と白石氏は考えを巡らせていた。ある時、アサヒビールの工場見学をした折にコンベアでビール瓶が運ばれ、次々にビールが注がれる様を見て、「このシステムを寿司屋に応用できないものか？」と思ったと言われている。この着想を得て、10年ほどたって回転寿司が誕生する。コンベアで寿司を運ぶ課題はコーナーでのスムーズな流れにあった。そこで白石氏は、コーナーを扇形（半月型）にすれば、スムーズに回転できると思い立った。試行錯誤の末、試作品が完成。1958年（昭和33年）に東大阪市の近鉄布施駅北口に「廻る元禄寿司」がオープンする。寿司業界に革命をもたらした回転寿司の1号店である。白石氏は1962年（昭和37年）に「コンベア旋回式食事台」の名で実用新案登録を行っている。

　「廻る元禄寿司」1号店は、20坪ほどの大きさで、コンベアの付いたカウンターのみ。一皿が4貫50円という安さであった。人手不足解消から考えた回転寿司システムだったが、それ以上に寿司を載せた皿が回ってくるという面白さがウケて「廻る元禄寿司」は大ヒットする。当時、寿司は高いもので、「寿司屋にいくと、価格表記もあまりなく、いくら取られるかわからない」とのイメージをもたれていた。それが一皿いくらと明記させ、しかも安価とあれば、瞬く間に噂が広まるのもわかるいうものだ。元禄寿司は、日本万国博覧会にも出店。大阪ではすでに知られていた存在だった回転寿司もこれを機に全国の人に知られ、同博覧会では、「食事優秀賞」まで獲得した。1973年（昭和48年）には、石野製作所（石川県）が自動給茶装置を提供し、

さらに回転寿司システムは充実していった。

1978年（昭和53年）にコンベアの権利が消えてからは、他社でもそのシステムを自由に導入できるようになって回転寿司業界は、さらなる発展を遂げる。「回転」や「廻る」は、「元禄産業」の商標登録だったのだが、コンベアが他店でも使えるようになると、回転寿司業界には新規参入がどっと増え、ついに1997年（平成９年）「元禄産業」は「回転」という言葉をも解放させた。バブル期終焉直後に回転寿司がブームを迎えたのはこんな背景があったのだ。ちなみに回転寿司のレーンは、石川県で100％つくられている。

現在の回転寿司は、旧来のように職人が握るタイプとロボットが握った寿司を提供するタイプに二分されている。客は注文せずに回転レーンで流れてくるのを待って取るスタイルさえ少なくなり、今ではタブレットに好きなものを注文し、待つタイプが増えつつあるようだ。回転寿司ブームは、日本だけにとどまらず、今や米国や欧州、中国を始めアジア圏にも広まり、健康志向とも相まって全世界的な流行になろうとしているのだ。回転寿司の功績は、寿司ダネを魚介類に限定せず、肉類や調理したもの、デザート系にまで幅広くしたことにもある。このことにより寿司のグローバル化に繋がったのだろう。

7-12 ● 恵方巻

昭和から平成期に根づいた恵方巻伝説

● きっかけは海苔の消費キャンペーンにあり！

節分になると、巻き寿司が活気づく。それはいつの頃からか、節分に恵方巻を食べる習慣が根づいたからだ。その昔は、節分といえば豆まきか、柊鰯（ひいらぎいわし）と決まっていた。前者は平安時代から続く鬼払いの儀式で、後者は魔除け。柊の小枝に鰯の頭を刺して門や軒先に飾ったという江戸時代からの風習だ。それが現代では、この二つを差し置いて巻き寿司を食べる習慣の方が目立っている。恵方を向いて太巻きを黙って一本丸かじりすることで、幸せになると伝えられている。ちなみに恵方とは、歳神様（としがみ）がいる方角で、毎年変わる。恵方巻も太巻きで、七福神にちなみ7種の具を巻いたものが多いが、それも決まっていないのが実情だ。

恵方巻のルーツを調べると、戦国時代に武将（堀尾吉晴）が節分の日に丸かぶりして出陣し、戦に勝利したとあるが、これはかなり疑わしい。なぜなら当時は早ずしさえなく、巻き寿司が登場するのは、江戸時代後期まで待たねばならないからだ。恵方巻の発祥は諸説あるものの、実は昭和期に大阪の海苔組合が海苔の消費拡大を狙って仕掛けたというのが有力な説だろう。そもそも巻き寿司を丸かぶりする行為は、古くからあって船場の旦那衆が遊女と共にそんなお大尽遊び（だいじん）を行っていたらし

いので、それをヒントにしたのだろう。1932年（昭和7年）の節分には、大阪鮨商組合が「巻寿司と福の神」と書いたチラシを配っている。その後も大阪府鮓商環境衛生同業組合や大阪海苔問屋協同組合などが節分の日に丸かぶりすることを宣伝している。

節分の恵方巻が流行する決定的なっかけは、1976年（昭和51年）に

道頓堀「くいだおれ」前で行ったキャンペーンにある。当時海苔会社を営んでいた「たこ昌」の山路昌彦氏が仕掛け人だった。彼は「宝海苔」の三男で、後にたこ焼き割烹「たこ昌」を起こす。海苔の若手で結成した「大阪海苔昭和会」が中心となり、「今年の恵方を向いて無言で食べれば幸福が訪れる」とPRした。丸かぶりをするのは、少しでも多くの海苔を消費してもらうための策だったのだろう。毎年この手のPRのイベントをやるものだからいつしか流行の波へと発展した。もっともこのムーブメントを決定づけたのはコンビニでの販売だ。1989年（平成元年）に広島の「セブンイレブン」が節分に太巻きを売り出しヒットし、1998年（平成10年）からは全国のコンビニ、スーパー、デパートでも恵方巻を売るようになり、いつしか節分の風習として根づいた。

　1998年（平成10年）2月3日の毎日新聞に面白い記事がある。それは恵方巻の流行を伝えたもの。「節分には巻き寿司丸かぶりの謎に迫る。鬼も逃げ出す浪速の商魂」とキャッチコピーがあり、記事では「仕掛人は海苔屋だ」と伝えている。当時は大阪でも「こんなの昔からあったっけ？」と首を傾げる人も多かったらしい。現に新聞社でその時調査した反応では、東京の全国すし商環境衛生同業組合連合会は「そんな風習はありません」と回答しているのだ。静岡県の県鮨商は「2～3年前から」、福井県の県寿司商は「関西から10年前に」と答えており、大阪からの距離で流行が伝わる速度がうかがえる。先の大阪の海苔組合の行為を結びつけるのは、岡山の県鮨商の発言で「大阪の海苔屋に言われて」と答えている。毎日新聞のインタビューで仕掛人は「やり始めた2～3年前に海苔がたくさん獲れて何とか消費を増やさないと。巻き寿司が売れれば海苔は売れる」と、海苔の消費キャンペーンの一環だったことに触れている。かつて仕掛人から聞いた話では、「いつからの習慣？」との問いに「ずっと前から」と答えたところそれが「昔からの風習で」と記事化されたらしい。ともあれ、大阪の海苔組合が立ち上げたPRイベントが流行へのきっかけを作り、コンビニが大きなうねりにして今がある。恵方巻を食べる行為は、節分の風習として定着しているのだから興味深い。

7-13 ● 握り寿司はなぜ高級品に？

「松がすし」出現でファストフードがいきなり高級品に

●「松がすし」堺屋松五郎が打ち出した高級化への道のり

岡持ち（振売り）や屋台からスタートした握り寿司だが、今ではかつてのファストフード感覚だけではなく、高級品のイメージも強い。握り寿司が、いつから高級品になったのか？ それを紐解く鍵は、握り寿司が世に出た頃にはすでにあったようだ。握り寿司の考案者は不明だが、大成させたのは華屋與兵衛であることは、すでに触れた。当時の江戸の三大寿司と呼ばれたのは、両国東の「與兵衛鮓」、竈河岸の「笹巻毛抜鮨」、深川安宅六軒堀の「松がすし」だった。このうち「松がすし」が高級路線の先陣を切っていた。

「松がすし」は、堺出身と考えられている堺屋松五郎が開いた寿司屋。彼は1830年（文政13年）に大阪から出てきて今の江東区にあたる深川安宅六軒堀で「いさごずし」を開業した。同店は、近くにあった安宅の松にちなんで、やがて「安宅松がすし」、「松がすし」、「安宅の鮓」とも呼ばれるようになった。この当時、握り寿司が一つ8文の相場だった（高くても16文）のに対し、「松がすし」は、一つ250文で売っていたようだ。「玉子は金の如く、魚は水晶の如し」（『江戸名物詩』）と呼び声も高く、江戸のグルメ達の間で評判になっていたのだろう。川柳に「松が鮓 一分ぺろりと猫が食い」というのがある。一分とは金一分のことで、酒なら一斗（18ℓ）が買えるほどの値段にあたる。猫が食ったとあるが、動物の猫ではなく、本所回向院前の岡場所の遊女を指す。高価な「松がすし」の握り寿司を買っていったのに、遊女は惜しげもなくペロリと平らげたと悔しさがにじみ出ている句だ。

「松がすし」については、こんなエピソードもある。開店披露で寿司を配った際に寿司の中に一朱銀（お金）を入れて「粗品ゆえ歯に当たるかも」と挨拶したらしい。また、生姜と寿司は、別の折に入れて水引で結えた上に熨斗まで付けたともいわれる。平戸藩藩主の松浦静山は、随筆『甲子夜話』の中で、「近頃は大川の東、安宅に松鮓と呼ぶ新製あり。松とは売る人の名なり。これよい味、一時最賞用す。この鮓の価ことに貴く、その量、五寸の器、二重に盛て小判三両に換えるとぞ」と

記しており、五寸の器を二重に重ねたものが三両（小判三枚）もしたとある。ただ寿司は「玉子は金のようで、魚は水晶のよう」と例えるぐらい一流だったようで、海苔巻きでも魚を使い、渦巻きに作ってあったと伝えられる。この頃は、海苔を飯の衣に巻くだけだったのだが、「松がすし」では違ったといわれており、その実力ぶりもうかがえる。

このように高級な「松がすし」は、庶民は全くもって手が出ず、買うのは幕府の高官か、豪商だった。特に安宅近くには、将軍 徳川家斉の側近の家があったので進物目的に買い求めたと思われる。伝承料理研究家の奥村彪夫（あやお）氏は、その著『日本の酢の文化』で、「いずれにしろ、『松がすし』の成功にあやかろうと『与兵衛ずし』（與兵衛鮨）を始めとする多くの寿司屋が高級路線へ突き進んでいったようだ」と書いている。

だが、ここで意外な落とし穴があった。水野忠邦が老中に就任するや、天保の改革（1841年〜1843年）を打ち出し、奢侈禁止令（しゃしきんしれい）を発令した。贅沢をなくし、質素倹約を謳ったこの令により、仕立て屋や小間物屋など贅沢品を売る店主は、咎め（とが）を受け、捕らえられた。寿司屋も例外ではなく、高価な寿司屋の当主ら200人もが召し捕えられている。江戸の三大寿司屋のうち「松がすし」の堺屋松五郎と「與兵衛鮨」の華屋與兵衛もそこに含まれていた。ただ、水野忠邦が失脚した後は、前のように世相が戻り、「松がすし」と「與兵衛鮨」の名声はさらに高まり、料亭のように高級化していったと伝えられている。

江戸時代の寿司屋は、「松がすし」、「與兵衛鮨」のような高級店、内店と呼ばれた店舗で売る一般寿司屋、屋台、岡持ちと四つのパターンに分けられる。この形が明治以降も続き、やがて高級店と一般店に分かれていく（屋台は衛生的な問題により生のものを売ることができず、戦後なくなった）。今でもそれは同じで、ここに庶民派の回転寿司とスーパー等で売る惣菜寿司が加わる。つまり現在も高級派と庶民派に分けられているのだ。こうして考えれば、握り寿司が世に出てきた頃からそのような傾向はあったわけである。そもそも寿司は、魚を保存して食べるなれ寿司が発祥で、当時は贅沢品として貴族の間で食されたものだ。ファストフードの握り寿司が生まれた一方で、「松がすし」のように高級路線を狙う店も出てきて、高級化への道を作り出す。今後も寿司はこの二つの路線上で、進化していくものと思われる。

8-1 ● 寿司ダネに使われた魚介類

魚と寿司のステキな関係

● 寿司ダネの大半は、スズキの仲間?!

回転寿司が発展した近年こそ、寿司ダネは、肉や野菜など様々な素材が見られるが、やはり握り寿司といえば、生の魚介類が一般的だろう。36,000種を超える魚のうち、最も多くの種類が見られるのがスズキ目で、マグロ、キス、ハタ、カツオ、カンパチ、ベラ、ブリ、カマス、サバ、タイ、アジ、タチウオ、サワラ、メバルなど、メジャーな魚は、ほとんどがスズキの仲間の魚だと思っていい。総務省家計調査（2021年～2023年平均）によると、魚介類の購入量から人気を見ると、1位鮭、2位鮪、3位鰤の順だ。かつては大衆魚と呼ばれた鯵や秋刀魚が上位にランクインされなくなったのは、不漁が続くせいだろう。流通や冷凍技術が発展し、大型魚が手に入りやすくなったのもその一因だ。鮭、鮪、鰤は、スーパーなどで切り身で売るケースが目立つので、消費者もその方が調理しやすくなったのも変動の理由だろう。今も昔も日本人の海老好きは変わらないが、そのうち車海老は高級品にあたる。海老の中でも20cm前後のものを車海老という。身体を丸めると縞模様が車輪を印象づけることから名づけられており、10cm以下を小巻海老や細巻き海老と呼ぶことから出世海老と称される。殻をむいてそのまま握る、いわゆる"踊り"は刺身においても高級品だが、関西では戦前から食べられていたようで、東京では戦後から好むようになっている。20cm前後の大きさが寿司ダネや天ぷらに適すようで、料理屋では、それ以上の大きさは、塩焼きや揚物に用いることが多い。

歴史が浅い寿司ダネといえば、ウニやイクラもそうだろう。ともに握りには不向きだったのと、昔は珍味扱いだったことから寿司には合わないとされていた。この二つは、軍艦巻きという手法が生み出されたことで使われるようになった。軍艦巻きは、「銀座久兵衛」の今田寿治氏が考案したといわれている。当時は寿司でもゲテモノ扱いで根づくのにしばらくかかったそうだが、今では両方とも人気寿司ダネになっている。

● 人気の鮪や鮭も昔はタネとして使われなかった!?

　昔との比較でいえば、鮪も今とは違う考え方で用いられている。現在では、鮪は寿司の中でも上位に位置づけられ、そのうちの大トロは高級品扱いになっている。統計で見ても、2000年代の世界の鮪消費のうち、2割弱を日本が占めている。今でこそ鮪は、人気寿司ダネだが、昔はそうでもなかったようだ。むしろ握り寿司が誕生した江戸時代には、江戸湾の魚を使用しており、外洋の鮪はあまり用いていなかった。「シビウオ」と呼ばれ、「死日」を印象づけると嫌われていた。ましてや大トロは、江戸時代には「猫またぎ」と呼ばれ、猫すらまたいで通りすぎるほどの価値の低い食材と見なされていた。江戸時代のタネは、生ではなく、何らかの下処理が施されたものだった。当時は冷蔵庫などないため、トロは傷みやすく、食べずに捨てていた。たとえ醤油漬けにしたとしても、脂肪分が多くて水分をはじくので使えなかったのだ。江戸の庶民は、ただ同然だったトロ部分をもらって来て葱と一緒に煮た「ねぎま」を好んで食べていたとの話も残る。トロが人気になるのは、大正時代以降だ。その呼び名は、日本橋「吉野鮨本店」の客がつけたといわれている。その頃は「アブ」と呼んでいたそうだが、その常連客がトロの握り寿司を食べたところ、口内でとろけたことから「トロ」と名づけたらしい。その呼び名の響きが食欲をそそるから定着したとも伝えられる。

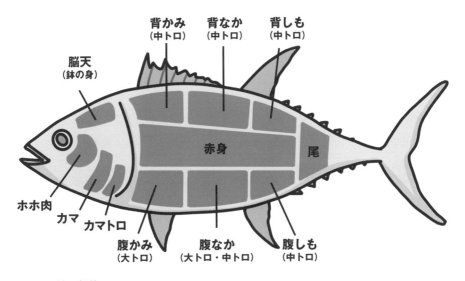

図8-1　鮪の部位

157

かまとろ

図8-1を見るとわかるように鮪には、いろいろな部位がある。大きく分けると、赤身、中トロ、大トロになる。そのうち大トロは、腹側で、腹かみという頭に近い部分を指す。最も脂の多い部分で、寿司では高級部位として扱われる。中トロは、腹側と背側にあって大トロと赤身の中間、脂もそこそこあって、ほどよいバランスの部位だ。赤身は、中心部分で脂が少なく、クセもない。値段も安く、低カロリー、高タンパク質とあってなかなか人気が高い。一般的に鮪というと、この部位が出てくることが多い。

　鮪には、クロマグロ、キハダマグロ、イソマグロ、ミナミマグロ、コシナガマグロ、メバチマグロなどの種類がある。ホンマグロと称されるのは、太平洋のクロマグロと大西洋のタイセイヨウクロマグロのことで、値段的にも高い。次いで南半球で獲れるミナミマグロも価格的に高い。この二つは養殖もされているが、キハダマグロ・メバチマグロなどは養殖されていない。これは値が安く、養殖してまで出荷するほどの価値がないからであろう。鮪の身は、柔らかく、適度な脂があって栄養豊富だ。ただ人気なのはそれだけではなく、赤い色味にもある。刺身盛りで鯛やひらめなどの白身と合わせるには、赤身の鮪が映える。そんな点からももてはやされるのだろう。

　赤い身という点では、近年サーモン（鮭）も人気で、特に回転寿司では人気1位に押される。こちらは赤というよりオレンジ色に近い。日本は、世界でも有数の鮭消費国で、塩鮭など塩干物として昔から親しまれてきた。元来、日本では鮭を生で食べる習慣がなかった。それを可能にしたのは、ノルウェーサーモンの存在である。ノルウェーサーモンは、年中生産でき、しかも寄生虫のアニサキスがいない。この点を主張し、在日ノルウェー大使館員だったビョーン・エイリク・オルセン氏が寿司ダネ用にと売り込んだ。オルセン氏は、サーモン寿司の発明者とも呼ばれている。ノルウェーでは、1986年から水産物の対日輸出強化を掲げ、シシャモやエビを売り込んでいた。それらに続く産品としてノルウェーサーモンがあったのだ。刺身に鮪が一般的になっていることを例に寿司ダネとして普及できればと目論んだ。日本には、焼き用の切り身や塩干物の塩鮭があるので、それとは別の使い道を模索した結果が、生食で寿司ダネとしての使用だったわけだ。1990年代初めからノルウェーサ

ーモンを寿司ダネとして売り込み、それが見事、回転寿司にはまった。そして回転
寿司の人気のタネとして最上位を占めるまでに至ったのだ。

●下処理によりタネをより美味しく保つ

　握り寿司の節でも書いたように江戸時代には、生ではなく、魚に下処理をしてタ
ネが作られた。前述のとおり、酢に漬ける、醤油にくぐらせる、火を通す、煮るな
どの処理が一般的だった。昔はこうすることで少しでも持ちを長くしたり、食あた
りを起こさないようにして握り寿司を出していたのだ。

　表8-1は、寿司の下処理の代表例である。魚介類によってもその工夫の仕方は
異なる。今でもこれらの下処理のやり方は寿司職人達に受け継がれている。

表8-1 ●寿司の下処理の代表例

炙り	寿司ダネの表面を軽く焼くこと。脂の多い魚で行うことが多く、炙ることで脂分をほどよく落とし、さっぱりさせる効果が得られる。
漬け	醤油漬けにすること。冷蔵庫のない時代に腐らせず、保管する方法の一つとして用いられた。鮪の赤身を煮切り醤油に漬けたのが代表例。
漬け込み	ハマグリやシャコなどに用いられる。下茹でした後に醤油、みりん、砂糖などで作った調味液に漬け、時間をかけて味を含ませる。
煮切り	醤油や酒（またはみりん）を合わせて沸かし、アルコールを飛ばした、いわゆる煮切り醤油を指す。寿司ダネに一塗りして出すことが多い。
〆め	塩を振ったり、昆布をあてたり、酢に漬けたりして余分な水分を抜いて、魚の身を〆め、旨味を出すこと。昆布〆めなどが有名。
煮詰め	穴子、タコなどによく用いるタレを指す。穴子の煮汁を調味料で調え、とろりとした濃度にまで煮詰めて使う。
酢〆め	塩を振り余分な水分を抜いて酢に漬ける。こうすることで魚の生臭さを取って旨味を出す。光物によく用いる方法。
湯引き	熱湯をさっと掛けたり、熱湯に潜らせたりして魚介類の表面を固めること。皮を柔らかくしたり、生臭さやぬめりを取るのが目的。霜降りともいう。
おぼろ	調味料で味を付けて炒り煮にし、細かい粒状にする。白身魚で作るものと、卵で作るものがある。

（左）赤身の漬け切り（右）サヨリの酢洗い

MEMO

9章 日本と世界のお寿司

9-1 ● 日本地図に見る郷土寿司一覧

地域に古くから根づいた郷土寿司あれこれ

　地域には、その土地ごとの食文化があるように、寿司もまたその地方ごとに特色のあるものが存在する。この項では、日本各地で作られている郷土寿司の一部を紹介しよう。地方には、その土地の名産品もあり、それを用いて寿司にしたものや、祭りなどの行事食、その土地ならではの謂われに基づいて作られてきた寿司など様々だ。数ある郷土寿司の中からユニークなものを12例、以下に取り挙げる。

シシャモ寿司
（北海道）

ハタハタ寿司
（秋田県）

かぶら寿司
（石川県）

鱒寿司
（富山県）

鮒寿司
（滋賀県）

岩国寿司
（山口県）

大村寿司
（長崎県）

丸寿司
（愛媛県）

酒寿司
（鹿児島県）

手こね寿司
（三重県）

箱寿司（愛知県）

鯵の押し寿司
（神奈川県）

● シシャモ寿司（北海道）

シシャモは、「柳葉魚」と書き、アイヌ語の「ススハム・シュハム」が転じた言葉。飢えに苦しんでいた人々をカムイ（神）が哀れんで柳の葉を魚に変えたとの伝説に由来する。ホンシシャモは、北海道の太平洋沿岸だけに生息する日本固有種で、苫小牧から釧路にかけて産卵のために川を遡上する。特に胆振の鵡川が産地として有名で、10月～11月半ばに漁が解禁される。ちなみに我々がよく食べるシシャモは、カペリン（樺太シシャモ）でホンシシャモではない。鵡川では、ホンシシャモが獲れると握り寿司にして食べる。脂乗りがよく、甘味のある味は、カペリンと全く違う風味をもっている。

● ハタハタ寿司（秋田県）

ハタハタは深海に棲む魚で、海が荒れ、雷鳴が轟くような産卵期に一時に大群で現れることから「霹靂神」の名を取ってそう呼ばれるようになった。秋田県内でも八森の岩館海岸や、平沢漁港での漁が有名で、大量に獲れたハタハタを保存する目的で作られるのがハタハタ寿司だ。お酢を用いる寿司と違い、こちらは発酵ずしの一種。鮒寿司と異なり、麹や酒、野菜も用いて仕込む。まずハタハタを塩漬けし、身を取り出して本漬けする。米・麹・野菜を混ぜて漬け、2週間ほど樽で発酵させる。樽から取り出してハタハタの身を麹や米ごと食べる。優しい甘さと品のいい酸味をもつ郷土寿司だ。

● 鯵の押し寿司（神奈川県）

神奈川県の大船や小田原では、鯵の押し寿司が名物駅弁として売られている。そもそもの発祥は、湘南で獲れる鯵を使った弁当がなかったことから考案され、1903年（明治36年）に東海道国府津駅で駅弁として売り出されたことによる。今では、相模湾沿岸の名物寿司になっている。神

奈川県の鯵の押し寿司の特徴は、酢〆めした小鯵を関東風で握り、関西風に押して仕上げる点である。いわば江戸前の握りと関西の押し寿司が融合したような仕上がりになっている。「大船軒」や「東華軒」の駅弁が有名だ。

● 鱒寿司（富山県）

　富山藩士 吉村新八が三代目藩主の前田利興のために鮎の早ずしを作ったのが事の起こりといわれている。それを気に入った藩主が将軍徳川吉宗に献上し、富山の鮎寿司が有名になった。鮎で作っていた押し寿司を神通川に遡上するサクラマスに替えて作ったのが、現在の鱒寿司である。大正時代に富山駅の駅弁として鱒寿司を売り出したところ、大好評を博し、鉄道旅行の普及とともに全国へその名が知られた。木製の丸いわっぱに笹を敷き、塩漬けした鱒と酢飯を押し重ねて詰める。放射線状に切り分けて食べるのが一般的な食べ方だ。

● かぶら寿司（石川県）

鰤の塩漬けを蕪の塩漬けで挟み、麹で造った甘酒と昆布を加えて作る。いわゆる発酵ずしの一つだが、麹や野菜を混ぜるイズシの中でも野菜を多用した寿司である。江戸時代には食べられていたようで、鰤は当時「鰤一本、米一俵」と言われるぐらい高級品だった。質素倹約を強いられた庶民は口にできず、どうにかして食べようと考えたとの説もある。後年、魚屋や八百屋が年末の挨拶に回る時の手土産にしたことから広まった。風味や口当たりは、蕪の熟成加減によって異なり、熟成が進んだものを何も漬けずに食べるのが一般的だ。

● 箱寿司（愛知県）

　箱寿司は、愛知県尾張地方や西三河地方を中心に祭りや祝い事の際に食べられてきた。具材は、錦糸玉子、角麩、干し椎茸、人参、でんぶ、しぐれ（貝のむき身）やハエ（子鮒）の煮物など何でもいいが、大きな箱にそれらを斜めに貼って作るのが特徴。これは皆が平等にいろんな味を楽しめるようにとの配慮から考えられてい

る。箱は一つずつ押すのではなく、5〜6段を重ねる木箱で作られる。酢飯と具を入れた木枠を重ねて横から楔（くさび）を打ってまとめて圧力をかける。それを切り分ける様から切り寿司とも呼ばれている。

● 手こね寿司（三重県）

農山漁村の郷土料理百選にも選ばれた三重県の郷土寿司。発祥は、志摩町和具地区といわれ、鰹（かつお）漁で忙しい漁師が船上で獲れたての鰹をブツ切りにし、持参した酢飯に混ぜて食べたのが始まりと伝えられる。志摩地域は、女性も海女として働いている人が多かったので、手ごねして簡単に作る寿司は、時間のかからない料理として定着した。

赤身の魚（鰹や鮪）を醤油などで作ったタレに漬け込み、酢飯の上に並べて紫蘇（しそ）や海老を散らして作る。手ごねして作る粗い作り方で、今では生もの（刺身）や椎茸、人参の精進ものなど様々な具材を使う。

● 鮒（ふな）寿司（滋賀県）

『延喜式』にも登場するなれ寿司で、魚を塩と飯で乳酸発酵させたもの。現存するなれ寿司の中では最も古い形態といってもいいだろう。魚を長期保存するために用いられた加工法で、乳酸発酵させた後の飯は、こそげ取って魚の身だけを食べる。琵琶湖の固有種のニゴロブナを用いて作る。子持ちの鮒を丸ごと漬け込み、乳酸発酵させることで骨まで食べられるようになる。独特のクセがあり、発酵臭が苦手という人もいる。子を持つ真ん中を好む人が多いが、実は身の詰まった尾ビレ近くが旨いといわれており、噛むほどに旨味が伝わってくる発酵ずしだ。

● 岩国寿司（山口県）

最大級の箱寿司といっても過言ではない大きさの寿司。酢飯を入れ、椎茸、酢バ

ス（レンコン）、錦糸玉子などの具を並べたら、蓮の葉を挟み、また一段と具を並べて作って行く。大きな木枠に何層も重ね、最終的には寿司職人が押し蓋の上に乗って押し固めて作る。切るのも大仕事で大きな包丁で寿司の上に乗って切るくらいだ。発祥は、江戸期に岩国藩主を喜ばそうと献上したことによる。具はいろいろあって3〜5段重ねた様が豪華なことから殿様寿司とも呼ばれる。大きなものは、座布団一枚くらいある大きさのものもある。

● 丸寿司（愛媛県）

愛媛県南予地方の宇和島で作られる郷土寿司。シャリの代わりにオカラで作るもので、その昔、庶民が米より安いオカラで作り出したのがさっかけだ。オカラを丸めて鯵を載せて作ることから丸寿司と呼ばれるようになった。基本的には小さなゼンゴアジを用いるようだが、真鯵や鯖などの青魚や、鯛やカマスなどの白身魚を使うこともある。ゼンゴアジは、三枚に卸して塩をし、酢で洗って別の酢に漬ける。オカラは、炒って葱や生姜のみじん切りを混ぜ、酢や砂糖、醤油で味付けして炒る。丸めた形から総菜の他、おやつとして食べる場合もある。

● 大村寿司（長崎県）

ほんのり甘く、具が多く、彩りも豊かな寿司。定番としては、はんぺん、ゴボウ、錦糸玉子、干瓢、きぬさやなどが具材として使われており、シャリの調味にたくさんの砂糖を用いて作る。四角く切って出す押し寿司で角寿司とも、戦勝寿司ともいわれる。真偽は定かではないが、一説によると室町時代に中岳の合戦で敗れた大村純伊が1480年（文明12年）に援軍の力も借りて領地を奪還、喜んだ領民が祝って作ったといわれている。急なことで膳の用意ができず、もろぶた（木箱）に飯を敷き、具を載せて押し寿司にしたといわれ、今でもその形をしている。

● 酒寿司（鹿児島県）

薩摩藩主 島津義弘公が、宴席で残ったごちそうと酒を一緒にして桶に入れておいたことに端を発すると伝えられる。翌日発酵していい香りがしていたことから酒寿司が生まれた。飯に酢や砂糖を合わせて寿司飯にするわけではなく、灰持酒をたっぷりかけて発酵させるのが特徴だ。灰持酒とは、酒造りの過程でできるもろみに灰汁を加えて絞った酒で、醸造過程で火入れをせず、灰汁で日持ちさせている鹿児島伝統の料理酒である。灰持酒をまぶした飯に山海の幸を散らし、半日ほど置いて作る。層を崩さないように皿に取り分けて食べる。

9-2 ● 日本のお寿司から世界のお寿司へ

様々なカタチに変化を遂げる世界のSUSHI

● 健康志向から寿司が流行

　寿司は、今や日本を代表する料理として、海外にまで普及し、世界中でいろいろな形に変化している。「SUSHI BAR」と呼ばれる店は外国でも当たり前のように存在するのが現状だ。寿司が「SUSHI」となり、グローバル化した要因は様々な条件が重なり合ってのことだ。要因の一つは寿司がヘルシーな食事として認識されたことだ。ブームのきっかけとなったのは、1977年に米国上院が発表した「マクガバンレポート」である。このレポートをきっかけに、肥満による生活習慣病などを抑制するために、肉を減らし、魚や穀物をとるべきであるとの見解が広まった。レポートのなかでは、日本食が健康的であると指摘されており、日本食ブームにつながった。その中でも低脂肪で低カロリーの寿司が脚光を浴びたのである。その他の要因として、醤油をオランダから、ガリを中国から、トロやスズキを地中海からといったように寿司に使う食材を日本以外からも調達できるようになったことや、カリフォルニア米などの安価な寿司用の米が普及したことにもある。それらに加えて回転寿司が寿司ブームを後押しする。ロボット寿司と称され、このシステムを導入することで寿司職人がいなくてもロボットが握ってくれ、低価格で提供できるようになったのだ。かつてはワインビネガーで作っていた外国の寿司飯も今では大半が米酢を使う。米酢の甘味や旨味、クセのない点が万人向きなのがその理由だといわれている。60年代は日本食レストランでメニュー化するものの、天ぷら、すき焼きほどの人気ではなかったが、ニューヨークで認知され始め、健康食として全世界に伝わった。今では、欧米から中国などの他のアジア圏でもよく食されている。寿司から「SUSHI」へと変化を遂げたのである。次ページでは、具材も調味もユニークな海外発祥の代表的なSUSHI巻き寿司を紹介しよう。

● カリフォルニアロール

カリフォルニアロールは、海外で生まれた巻き寿司の一種で、今では日本にも逆輸入されている。海苔は内側で、具材は海老、レタス、アボカドなど様々。表面にトビコやゴマをまぶして巻いているのが特徴。裏巻きにするのは、外国では黒い食べ物は見た目が悪く、怖いイメージをもつためである。それを避けるために酢飯の内側に海苔を巻き込んで作っている。発祥は、ロサンゼルスの「東京會館」内のSUSHI BARで出していたタラバ蟹とアボカドをマヨネーズで和えた巻き寿司という説と、バンクーバーにある日本料理店「Tojo's」の東條英員氏が考案したトージョーロールであるという二つの説がある。内巻きにすることで、海苔や生の魚介類が苦手な外国人でも受け入れやすくなっている。

● タンピコロール

タンピコロールは、南米人の味覚に合わせた辛みが特徴の巻き寿司。「タンピコ」はメキシコの都市名で、辛いものを好むメキシコ人らしく、青唐辛子を用いて作っている。フィンガーフード的扱いで、具材はアボカドやカニカマ、ソーセージなどである。青唐辛子にサワークリームなどを合わせたソースにディップして食べる。

● キャタピラロール

キャタピラとは、見た目でもわかるように、いも虫のこと。アボカドを薄くスライスし、緑色が鮮やかないも虫状に作っていく。具材は鰻の蒲焼き、キュウリ、クリームチーズ、ゴマなどで、これも内巻きにし、上にアボカドを載せる。ソースには鰻のたれを使うことがある。

● モンキーロール

バナナ、マンゴーなど、日本では到底寿司ダネとして用いない具材で作り、ホイップクリームやチョコレートで調味したデザート的な寿司。これも内巻きで、酢飯を少なめに巻くのがポイント。油で揚げる「ホットロール」の発祥地ブラジルで生まれた寿司で、バナナを具材に用いたものが人気だそうだ。外側にはスライスしたマンゴーを載せ、ジャムやチョコレートソースを掛けて食べる。

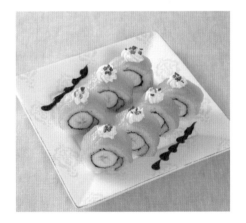

まだまだある外国生まれの巻き寿司

●スパイダーロール

ソフトシェルクラブを使ったもので、蟹を丸ごと揚げて中の具材にし、アボカドや香辛料を加えたマヨネーズと一緒に巻く。

●オーガニックすし

シンガポール生まれの巻き寿司。玄米、赤米、煮込んだ野菜など健康的な素材を多用。具は野菜が中心で、ヘルシーさを全面に押し出している。

●ホットロール

ブラジル発祥の巻き寿司で、南米各国はもちろん、スペインやポルトガルにも広まっている。具材にはマグロやサーモンを使うことが多く、ポルトガルではパン粉をつけて揚げるのもある。

●サーモンロール

欧州で人気の巻き寿司。その名のとおりクリームチーズをサーモンで巻いて作る。裏巻き寿司で、「フィラデルフィアロール」とも呼ぶ。

MEMO

10章　知っておきたい　お寿司のいろいろ

10-1 ● すし酢いろいろ

寿司は、合わせたすし酢で味が決まる

● 粕酢と米酢の使い方は…？

　寿司とは、実に単純な構成によって成り立つ食べ物である。特に握り寿司は、寿司飯・寿司ダネ（主に魚介類）で構成されており、他にあっても海苔やワサビ、大葉などと構成要素は少ない。握り寿司は、「タネ四分に、シャリ六分」といわれるように寿司飯の良し悪しによって、その美味しさが左右される。寿司飯に用いるすし酢を調合する際に使用するのは、酢と砂糖、塩の三つの調味料である。料理人によっては、隠し味を使って調味するケースもあるが、基本はその二つと考えていいだろう。

　この三つの調味料の中で最も重要なのがお酢である。すし酢に使われるお酢は、粕酢、米酢、醸造酢に分けられる。粕酢は、熟成した酒粕から造られたもので、江戸前寿司で広く使われるようになった。米酢は、米から造ったお酢で、日本のお酢のベースともいうべきものだ。一方、醸造酢は、粕酢も米酢も厳密にはそれにあたるのだが、ここでいう醸造酢とは、粕酢や米酢に比べて原料の使用量が少ない、クセのない低価格のお酢を指す。

　前述のとおり、江戸前の握り寿司は、その成立、流行からも粕酢とともに歩んできた歴史があって関東圏では根強い支持がある。関西圏では、古くから"白"を好む傾向が強いために、赤酢と呼ばれるほどに寿司飯に色味がつくことを嫌い、むしろ米酢を多用し、寿司飯をすっきりさせて食べさせる。加えて寿司ダネも白身を好むことから米酢の方が適していると理解されているのだろう。ちなみに、戦後になると関東でも米酢の需要が高まった。これは、前述した戦後の委託加工制度（7-10参照）の影響が大きく、旧来のように粕酢を使うと、寿司飯が赤みを帯び、「米を代えたのでは？」と疑われるケースが出てきたので米酢を使う店が増えたのだと言われている。

　粕酢と米酢について寿司店に行ったお酢に関する調査では、図10-1のような面白い結果が得られた。粕酢は、熟成した酒粕から造ることもあって濃厚で独特な風味をもつのが特徴だ。調査した寿司店からのコメントによって導き出されたのが左

のグラフになる。その主要特性では、味・コクが最も多く、香りと砂糖がいらない
ことがそれに続く。一方米酢は、原料となる米の要素からすっきりとした風味が特
徴で、右のグラフでもクセがないという回答が最も多い。すっきりした味からだろ
う、どのタネでも邪魔することなく使えると回答している。関東は赤身（マグロ）
を好み、関西は白身を好むとよく言われるが、それはお酢選びにも顕著に表れてい
る。粕酢は、特徴的なコクと香りがあることから濃厚な味わいのタネが多い赤身、
特にマグロによく合う。中でもトロなどの脂分が強く、味わいが濃いタネには、強
い旨味を含んだ粕酢がマッチしており、米酢で作った寿司飯では負けてしまうと思
われる。逆にあっさり淡泊な白身だと、粕酢を使った寿司飯が勝ってしまいがちで
ある。つまり、鯛やひらめのような白身のタネにはすっきりした米酢の方が合う。
ちなみに黒酢にも強い旨味はあるが、そのまま使うとすし酢には不向きである。

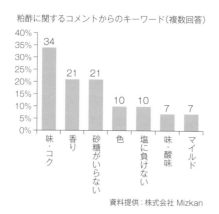

粕酢に関するコメントからのキーワード（複数回答）

米酢に関するコメントからのキーワード（複数回答）

資料提供：株式会社 Mizkan

資料提供：株式会社 Mizkan

図10-1 寿司店への粕酢、米酢に関するアンケート調査

● 目的や地域によって異なる糖塩バランス

1903年（明治36年）の文献『食道楽』では、すでに酢と砂糖、塩で作った合
わせ酢で寿司飯が作られていたとあるが、それが一般（家庭まで）に広まったのは
戦後のことだろう。すし酢の糖塩バランスによって寿司飯の味は、全く違ってくる。
砂糖は、基本的には上白糖が用いられ、グラニュー糖などを使うことはほとんどな
い。塩は、精製塩なのか海水塩・岩塩なのかで、その成分は異なる。精製塩は、成
分がほぼ塩だけだが、海水塩や岩塩は塩分が少なくなり、マグネシウムやカルシウ
ムなどのミネラルが増えることで苦味が出てきてしまう。一般的には、生米一升に
対しては、酢が一合で、そこに砂糖と塩を混ぜていくと考えていい。

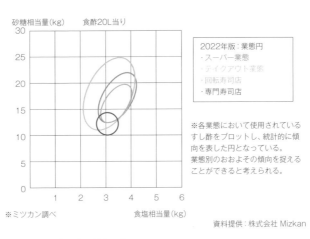

　ただ糖塩バランスは、専門寿司店（寿司屋）なのか、スーパーなどで惣菜として提供されるものなのかで、その設計も変わる。図10-2は、業態別の糖塩バランスを示したものだ。寿司屋では、その場で握って提供するためにバランス幅は小さい。一方、スーパーなどの惣菜寿司となると、購入してから時間が経過して食べられるため、すし酢のバランス幅は大きくなる。寿司飯は、すし酢をご飯に合わせた瞬間が最も強く、時間の経過とともに酸味が落ちていく。スーパーの総菜寿司は砂糖が少ないと時間経過とともに酢飯が老化し、バラバラとした食感になるので、寿司屋のものより甘めの味にならざるをえない。

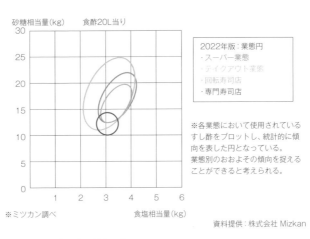

図10-2　業態別の糖塩バランス

　糖塩バランスの違いは、業態だけではなく、地域的にも見られる。図10-3は、糖塩バランスを全国地図で表したものだ。これによると、西へ行くほど、甘めの傾向が強いのがわかる。最も控えめなのは、関東、東北、山梨、新潟で、逆に甘いのが九州、四国、中国（山口県を除く）。同じ西日本でも四国は、極端に甘めの寿司を好む傾向にある。

　寿司飯は、酸味（酢）、甘味（砂糖）、塩味（塩）のバランスで決まる。業態や地域性、時間経過もその味を決める要素だとすでに述べた。ここに加わってくるのが香りだ。人は五感をフルに使ってモノを味わうのだが、嗅覚は大きな要素で、舌で感じる前に鼻から匂いを嗅ぐ。砂糖や塩には香気成分があまりないので、寿司飯ではお酢が重要な役割を担う。赤酢系（粕酢）は、熟成香が多いので、コクのみならず熟成した香りも赤身の魚にマッチしていると言っていい。粕酢や米酢のみならず

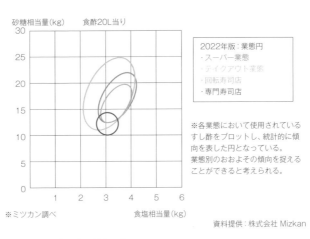

割り酢をして使用している例もあり、アクセントにりんご酢や黒酢を加えることで複雑な味や香りを作り出しているケースも店によってあるようだ。

　では、寿司飯を作る際の米選びはどうであろう。一般的に寿司飯には古米の方が適しているといわれる。それはお酢で味をつけるために水分を多く含む新米よりも、水分が少なくなった古米（前年に収穫された米）の方が、粘りを抑えることができ、お酢となじみやすいからだ。寿司飯を炊く時は、後で酢を加えることを考慮して硬めに炊くのがいい。季節によってもできあがりが異なるので、夏と冬では水加減も変わる。新米を用いる時は、水を1割ほど減らして炊くべきだろう。吸水時間も季節で異なり、夏は短めに、冬は長めにと考えておこう。全国各地には、様々な米がある。東北などで生産される米は水分量が多い「軟質米」と呼ばれ、九州・四国地方で生産される米は、水分量が比較的少ない「硬質米」と呼ばれている。

　一般的には、握り寿司には軟質米、箱寿司など押し付けて作る寿司は硬質米が適していると言われているが、寿司職人は米の選択、新米・古米のブレンド割合などを工夫して、寿司飯を作っている。

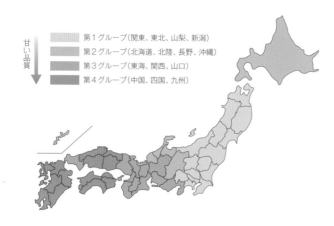

資料提供：株式会社 Mizkan

図10-3　糖塩バランスの地域性

10-2 ● お寿司に関わる食材

寿司を引き立てる名脇役たち（醤油・海苔・ワサビ・生姜）

● 醤油は鎌倉時代に誕生、流行のきっかけは豊臣秀吉

　寿司を食べる上で重要な役割を果たす調味料が醤油である。醤油が高かった昔は、刺身も煎り酒や酢で食べたようだが、江戸中期から醤油が一般にも普及し始めてからは、もっぱら醤油を使うようになっている。醤油は鎌倉時代に僧 覚心が中国から金山寺味噌の技法を持ち帰り、湯浅（和歌山県）の寺で造ったのがきっかけで誕生する。金山寺味噌のたまり液から見いだされたのが、日本の醤油だ。鎌倉時代にできたものの、紀州や上方の域から出ず、豊臣秀吉が湯浅に醤油を売る朱印状を与えてから全国的に広まった。江戸中期以降には、千葉県の野田や銚子でも醤油づくりが行われたことから江戸の町で一気に醤油が調味料としての地位を得たのだ。今でいう濃口醤油に近いものがでさ、握り寿司には関東の醤油が活用された。

　醤油は、寿司に味をつけるだけではなく、それに含まれる塩分・アルコール・有機酸などによって雑菌の繁殖を抑える働きもある。弱酸性であるためにアルカリ性を中和し、魚の生臭さを感じにくくする効果もあるのだ。今では、握り寿司は、醤油に漬けて食べるのがポピュラーだが、江戸の昔は寿司ダネを醤油に浸して漬けにしたり、酢で〆めたりして食べるのが一般的だった。明治時代以降、魚を生のまま保存する技術が進むにつれ、職人の手仕事よりも醤油に直接つけて食すスタイルが普及していく。

　醤油には、濃口醤油、淡口醤油、たまり醤油、白醤油、再仕込醤油の5つの種類がある。このうち寿司によく使われるのは、濃口醤油とたまり醤油だ。前者は大豆と小麦を1：1の割合で使い造られる万能タイプで、流通している大半は濃口醤油だと考えていい。たまり醤油は大豆の割合を多くし、少なめの仕込水で造る。熟成期間が長く、色が濃く、とろみもある。一般家庭ではメーカーものを買って使っているが、多くの寿司屋ではそのまま使うことは少なく、ブレンドさせたり、隠し味を加えたり、様々な手法でオリジナルの醤油に仕上げて出すことが多い。煮切り醤油や土佐醤油は、その代表例だ。前者は、醤油に酒、みりん、だしなどを合わせ、火に掛けてアルコールを飛ばして作る。後者は、醤油にみりんと削った鰹節を加えて煮て濾す。ともに旨味が増すために醤油単体よりも寿司に合うとして使うことがよくある。

● 海苔は江戸湾で養殖したことからやがて全国へ

　寿司と切っても切れない関係があるのが海苔だろう。特に巻き寿司には必要な素材で、これがなかったなら巻き寿司は生まれなかったのかもしれない。海苔の歴史は古く、『大宝律令』（702年）に朝廷への租税として登場する。昔は貴族や僧侶が食すものだったが、江戸時代に入って品川や大森（江戸湾）で海苔の養殖が始まるや、ぐっと身近な食材になっていく。享保年間（1716～1736年）に浅草紙の紙漉きをヒントに板海苔が生み出され、江戸から徐々に広まっていった。そのため海苔巻き寿司も江戸で誕生したと推測される。ちなみに海苔を巻いた煎餅を品川巻というのも品川が海苔の産地だったことから付いた名称である。

　現在、海苔の産地は、大きく分けて九州の有明海と瀬戸内海がある。俗に有明海苔と呼ばれる佐賀、福岡、熊本の三県が全国の半分以上を占めている。兵庫県、香川県の瀬戸内海が第2位で3割近いシェアを占める。昭和40年代に兵庫県で浮き流し漁法が確立されるや、多くの漁業者が参入し、短期間に大生産地まで上り詰めた。瀬戸内産の海苔は、色が黒く硬めでパリッとした食感がよく、壊れにくい。その特性を利用してコンビニの直巻おにぎりに活用されている。有明産は、凝縮した旨味と豊かな香り、なめらかな口溶けが特徴で、東京の高級寿司店は、有明産を好む所も多い。

　今日においても関東型と関西型では使用する海苔が異なり、関東は焼き海苔、関西は干海苔を使うのが一般的だ。干海苔は、生産者が作ったばかりの海苔で、焼いたり味をつけたりしていない。干海苔を炙って作る焼き海苔は、第一次世界大戦以降に商品化されており、そのため関東型の海苔巻きは、明治末期から大正初期にかけて出てきたと考えられる。

　関西で加工した海苔となると、圧倒的に味付け海苔の人気が高い。味付け海苔は、明治天皇の京都への行幸の際に土産物として東京の「山本海苔店」が開発した。当時は一枚一枚手作業で醤油を塗っていたので高級品だったが、戦前に大阪の「ニコニコ海苔」の前身「山徳商店」がロール式の味付け機を開発して大量生産できるようになり、焼海苔があまり普及していない関西でも一気に広まった。

● ワサビは握り寿司に格好の毒消し役

ワサビは、日本原産の多年生草本である。約1300年前の木簡にその名が見られることから古くから薬草として活用していたようだ。飛鳥時代から食されていたが、本格的な栽培は江戸時代に入ってからで、静岡の有東木にて自生していたワサビを移植して栽培したのがきっかけだ。『守貞謾稿』によると、当時の寿司では、鮪とコハダのみワサビを挟んで握っていたとある。

その頃は、寿司ダネは加熱や加工したものが多かったのだが、ワサビを用いることで生魚が傷まないようにしたり、生臭さを消すことが可能になった。ワサビは、すりおろすことで細胞が破壊され、辛み成分が生まれて香りも強まる。生の魚を載せて握る握り寿司には、格好の毒消しと映ったであろう。ワサビをすりおろす時は、細かくするほど辛さと香りが強くなるので金物の卸し器よりもサメ皮で造った卸し器の方が向いている。寿司屋や料理屋では、本ワサビを使っているが、家庭ではチューブ入りのワサビを用いることが多い。これは、練りワサビと呼ばれるもので、日本産の本ワサビと西洋ワサビを混ぜて造っている。西洋ワサビは明治時代初めに伝来したもので、本ワサビの1.5倍ぐらいの辛さがあるため、練りワサビの方が辛く感じられるのはそのためだ。

● ガリはおしぼりの役目も担った

魚の生臭さを消す効果は、寿司屋で出す甘酢生姜にもある。生姜もワサビと同様に薬草として用いられてきた。熱帯アジア原産だといわれ、日本には2～3世紀に中国より伝来し、奈良時代には栽培が始まっていた。

地下に横たわる根茎に辛みと独特な香りがあり、それを利用したのが生姜を甘酢漬けにした通称「ガリ」である。殺菌効果のあるお酢に漬け込んで作ることで、食中毒の予防に活用できるといわれている。脂の多い魚や味付けの濃いタネを食べた後にガリを食べると、口内をさっぱりさせる効果がある。また、味のリセットができることから口直し的役割も果たしてくれる。生姜の甘酢漬けが寿司と一緒に食べられるようになったのは江戸時代だ。当時、握り寿司は屋台で提供されており、生姜の甘酢漬けは、口直しであるとともにおしぼり代わりにも用いられた。生姜の甘酢漬けをつまむことで指をしめらせ、ご飯粒が指につかないようにしていたそうだ。

10-3 ● お寿司の楽しみ方

知っておきたい寿司屋でのマナーと、寿司の符丁

● 今さら聞けない寿司の食べ方

握り寿司は、発祥が屋台であり、今でいうファストフードから始まったにも関わらず、いつのまにか高級品となり、食べる時のマナーや食す順番などがうるさく言われるようになった。特に寿司屋のカウンターで食べる際には、役者でいう舞台のように、それなりの姿勢で臨みたいものだ。

寿司は五感で楽しむもので、タバコや香りの強い香水がすると台無しになるので気をつけたい。また、店によってはドレスコードの有無もあるので高級店に行く際には、事前に確認しておくことをおすすめしたい。寿司職人が握って提供してきた寿司は、早めに食べる。二つに切らず一口で食べてもらいたい。醤油を漬ける時は、寿司ダネ側に漬けて食べること。少量のガリを刷毛（はけ）のように使って醤油を漬けるのは可だ。「寿司は手で食べる！」と寿司通は言うが、それは箸でも、手でつまんでもどちらでも問題ない。ただし、カウンターは舞台という意識で、それなりのマナーで食べてほしい。箸は使うたびに箸置きに戻すのが正しい。

握り寿司の食べる順をうるさく言う人もいるが、実際には厳密な決まりはなく、自分の好きなものを順に食べてよい。ただ、美味しく食すためには、味の濃いもの、脂っこいものは後に回すほうがよい。できれば、淡泊な白身から、赤身（鮪）や海老などの旨味が強いものへ、そしてトロやウニ、穴子など脂が強い（味が濃い）ネタへと進むのがいいだろう。時折り、コハダなど酢〆めしたもので口内をさっぱりさせたり、玉子でリセットすると終盤の味の濃いタネまで美味しく楽しめる。ガリやお茶も口内をさっぱりさせるために置かれている。特にガリは、生姜の甘酢なので口中の脂っぽさをやわらげ、次のネタをしっかり感じさせる役目を果たす。ただし、食べすぎると口内に生姜の味が残るので要注意だ。よく刺身を食べる際にワサビを醤油内に溶かす光景が見られるが、できれば避けてほしい。どうしても醤油に溶かしてしまうと、ワサビの味が際立ち、魚介類自身の風味がわかりづらくなるためだ。も

う一つ誤って使われるのが、会計の際に客側が「おあいそ」と言って店員を呼ぶことだ。「おあいそ」は、「誠に愛想のないことで申し訳ありませんが、会計をば…」の略で店側が言う言葉であり、本来、客側が発すべき言葉ではない。いらぬ符丁を使わなくても「会計を」で十分伝わるのだ。

● 寿司屋には隠語がいっぱい

　寿司業界には、符丁があふれている。符丁とは、商品につける値段や等級を示す印または仲間うちだけに通用する言葉つまり隠語である。寿司屋に符丁が存在するのは、出す魚の部位によって値段を変更していたことによる。カウンターから会計する人に対して他の客にわからないよう符丁で知らせていた。表10-1 に寿司屋で使われる代表的な符丁を示す。

表10-1 ● 寿司屋の代表的な符丁

シャリ	寿司飯のこと。仏舎利が語源で、小粒で白い米が釈迦の遺骨である仏舎利に似ていることに由来。
あがり	お茶のこと。花柳界から出た言葉で最後に出す茶を示す。
ガリ	生姜の甘酢漬け。噛んだ時にガリガリと音がすることに由来。
つめ	煮詰め醤油のことで、穴子やタコなどに塗るとろっとしたタレを指す。
むらさき	醤油のこと。醤油の色に由来。
なみだ	ワサビのこと。きついと涙が出ることに由来。
光物	鰺・鯖など背の青い魚を指す。
ギョク	玉の音読みから、玉子のこと。
はらん	葉蘭という植物で、つけ台の上に敷き、握り寿司を載せる。
あにき	古いタネを指す。新しいタネは「オトウト」。
カッパ	キュウリのこと。河童の好物とされていることに由来。
おどり	生きたままの寿司ダネ。車海老の踊りが有名。
丸づけ	魚一匹をそのまま握ること。半身を握るのが片身づけ。
くらかけ	貝を二つに開き、馬の背に鞍を掛けたようにして握ったもの。
片思い	「磯のアワビの片思い」ということわざからアワビのことを指す。殻が片側しかない様子からそのように呼ばれた。
つけ台	カウンター前にある台で、握った寿司をそこに置いて提供する。

第Ⅲ部

お酢・お寿司検定
模擬問題

お酢検定模擬問題

問題1　酸味は五味のうちの一つであるが、五味に含まれない味は次のうちのどれか。
①甘味
②苦味
③辛味
④旨味

問題2　英語のビネガーの語源となった国の言葉は次のうちのどれか。
①フランス語
②ドイツ語
③イタリア語
④スペイン語

問題3　お酢の起源について正しいのは次のうちのどれか。
①紀元前3000年に存在していた。
②紀元前4000年に存在していた。
③紀元前5000年に存在していた。
④紀元前6000年に存在していた。

問題4　お酢の製造で欠かせない微生物は次のうちのどれか。
①乳酸菌
②酢酸菌
③酪酸菌
④酵母菌

問題5　お酢の酸味の主成分は次のうちのどれか。
①乳酸
②酪酸
③酢酸
④クエン酸

問題6　お酢の発酵方法のうち深部発酵についての説明の中で間違っているのは次のうちのどれか。
①発酵槽の中に空気を吹き込み、攪拌しながら発酵する方法
②発酵時間や温度などの管理が容易で、大量に安定した品質が得られる発酵法
③発酵槽の仕込み液表面に菌膜を張って発酵する方法
④高い酸度のお酢を生産できる発酵法

問題7 米黒酢の説明の中で正しいものは次のうちのどれか。
①精白米の使用量がお酢１L中に40g以上
②精白米の使用量がお酢１L中に180g以上
③玄米の使用量がお酢１L中に40g以上
④玄米の使用量がお酢１L中に180g以上

問題8 赤酢と称されるお酢の原料は次のうちのどれか。
①酒粕
②赤米
③紅麹
④玄米

問題9 バルサミコ酢の原産地の国名が正しいのは次のうちのどれか。
①フランス
②イタリア
③スペイン
④ポルトガル

問題10 老陳酢の説明の中で間違っているのは次のうちのどれか。
①原料は餅米を使用し固体発酵している。
②中国の三大名酢にも挙げられている。
③原料はモロコシで大麦やエンドウを混ぜた麹を使用している。
④その起源は3200年前に遡るといわれている。

問題11 粕酢の説明の中で間違っているのは次のうちのどれか。
①粕酢は一般的な米酢と比較すると有機酸の量が多い。
②粕酢は一般的な米酢と比較すると旨味成分が多い。
③粕酢は赤酢と称されることもある。
④化政文化の時代に発展した握り寿司に使われていた。

問題12 お酢の酸味に影響を与える効果が低い成分は次のうちのどれか。
①糖
②アミノ酸
③有機酸
④ビタミン

問題13 生の鶏卵をお酢に２〜３日漬け込んだ時に起こる変化についての説明の中で、正しいのは次のうちのどれか。
①卵の殻が溶けて透明になる。
②ゆで卵のように固まる。
③お酢の中で割れてしまう。
④スクランブルエッグのように白身と黄身が混ざって固まる。

問題14 酸度の定義について正しいのは次のうちのどれか。
①食酢に含まれる酢酸の割合を表示したもの
②食酢の酸味の強さを表したもの
③食酢に含まれる有機酸の割合を表示したもの
④食酢に含まれる有機酸を酢酸に換算し、その割合を表示したもの

問題15 お酢の保存方法の説明として、正しいのは次のうちのどれか。
①お酢はなるべく低温であれば保管場所は選ばない。
②お酢は開栓後しっかりと蓋を閉めて保管する必要がある。
③お酢は直射日光に気をつければ保管場所は選ばない。
④お酢は腐りにくい調味料なので微生物汚染されることはない。

問題16 お酢を別の容器に移して保管していた時に、浮遊物質が発生した場合の適切な対処方法について説明しているのは次のうちのどれか。
①容器を水洗いして新しいお酢に入れ替える。
②容器に残っているお酢は廃棄し、新しいお酢に入れ替える。
③容器に残っているお酢を60℃以上に加熱殺菌した後、冷えてから元の容器に戻す。
④容器を加熱殺菌、乾燥させた後、新しいお酢に入れ替える。

問題17 17世紀に開発されたオルレアン法は次のうちどこの国の都市の名前か。
①イタリア
②スペイン
③フランス
④デンマーク

問題18 ジェネレーター法で、発酵容器の中に詰められた材料は次のうちのどれか。
①木炭
②おがくず
③木片
④かんなくず

問題19 中国の三大名酢に含まれないのは次のうちのどれか。
①鎮江香醋
②老陳醋
③四川保寧醋
④福建紅麹老醋

問題20 酢という字の最も古い記述のある木簡は次のうちのどの時代か。
①平城京
②藤原京
③長岡京
④平安京

問題21　万葉集の中で今でいう合わせ酢が登場しているが、次のうちどの合わせ酢か。
①甘酢
②三杯酢
③二杯酢
④酢味噌

問題22　国内でお酢が自家製だけでなく、大量生産されるようになったのは次のうちどの時代からか。
①江戸時代
②明治時代
③鎌倉時代
④室町時代

問題23　江戸時代の握り寿司に多く使われていたお酢は次のうちのどれか。
①酒酢
②米酢
③粕酢
④黒酢

問題24　酸味が気にならず、料理の防腐・静菌効果が期待できるお酢の添加量は次のうちのどれか。
①0.1％
②1.0％
③3.0％
④5.0％

問題25　お酢の健康効果が期待できる毎日のお酢の摂取量として正しいのは次のうちのどれか。
①15ml（酢酸650mg）
②10ml（酢酸500mg）
③15ml（酢酸750mg）
④20ml（酢酸1000mg）

お寿司検定模擬問題

問題1　寿司のルーツである発酵ずしが生まれた地域は次のうちのどれか。
①東南アジア メコン川流域
②インド ガンジス川流域
③中国 揚子江流域
④日本 淀川流域

問題2　「寿司」という漢字が最初に登場する時代は次のうちのどれか。
①平安時代
②室町時代
③安土桃山時代
④江戸時代

問題3　江戸時代の握り寿司で使われていなかった魚は次のうちのどれか。

①車海老
②穴子
③鮭
④キス

問題4　国内で最も古い寿司の記録が残る書物は次のどの書物か。

①延喜式
②養老令
③名飯部類
④料理塩梅集

問題5　発酵ずしに関与する主要な微生物は次のうちのどれか。

①麹菌
②乳酸菌
③酢酸菌
④酵母

問題6　早ずしの説明の中で間違っているのは次のうちのどれか。

①早ずしは酢飯で作る現在の寿司の原型といえる。
②早ずしの酸味は発酵による乳酸の酸味とは異なり、お酢の主成分である酢酸の酸味である。
③早ずしはお酢の酸味で魚の骨まで柔らかくなるので、骨を除く必要はない。
④握り寿司だけではなく、箱寿司や巻き寿司も早ずしに類する。

問題7　握り寿司を考案した人物は不明であるが、次のどの人物が大成したと考えられているか。

①堺屋松五郎
②華屋與兵太
③堺屋竹次郎
④華屋與兵衛

問題8　寿司の系譜として古い順に示したものは次のうちのどれか。

①ナマナレ→ホンナレ→早ずし→棒寿司
②ナマナレ→ホンナレ→握り寿司→早ずし
③ホンナレ→ナマナレ→箱寿司→握り寿司
④ホンナレ→ナマナレ→握り寿司→姿寿司

問題9　稲荷寿司の説明として正しいのは次のうちのどれか。

①西日本では三角の形をしており中身は白い酢飯
②東日本では四角の形をしており中身は五目寿司
③西日本では三角の形をしており中身は五目寿司
④東日本では四角の形をしており中身は五目寿司

問題10 農林水産省の「うちの郷土料理」に挙げられている柿寿司（こけらずし）は、次のうちのどの都道府県の郷土料理か。

①宮崎県
②高知県
③奈良県
④静岡県

問題11 明治時代に考案されたバッテラで使われていたのは次のうちのどの魚か。

①タイ
②コノシロ
③サバ
④コハダ

問題12 握り寿司が全国に広がるきっかけとなった最初の歴史的な事象は次のうちのどれか。

①天保の改革
②明治維新
③日清戦争
④関東大震災

問題13 回転寿司のレーンが作られているのは次のうちのどの都道府県か。

①大阪府
②石川県
③愛知県
④新潟県

問題14 次の郷土寿司の組み合わせのうち、間違っている組み合わせは次のうちのどれか。

①ハタハタ寿司×秋田県×早ずし
②鱒寿司×富山県×早ずし
③酒寿司×鹿児島県×発酵ずし
④かぶら寿司×石川県×発酵ずし

問題15 次の海外で考案された寿司の説明のうち、正しいのは次のうちのどれか。

①カリフォルニアロールを裏巻きで作るのは、海外では海苔の黒色が怖いイメージをもつためである。
②タンピコロールのタンピコとはジャマイカの都市の名前で、青唐辛子を使った辛い味わいである。
③キャタピラロールのキャタピラとはいも虫のことで、その色合いはバナナ、マンゴーを使った黄色い寿司である。
④モンキーロールはアルゼンチンで考案された寿司で、チョコレートやホイップクリームを使ったデザート的な寿司である。

模擬問題解答

お酢検定

問題1　③（p.17）

問題2　①（p.18）

問題3　③（p.18）

問題4　②（p.19）

問題5　③（p.16）

問題6　③（p.21）

問題7　④（p.23,25,27）

問題8　①（p.26）

問題9　②（p.28）

問題10　①（p.31）

問題11　①（p.37）

問題12　④（p.38）

問題13　①（p.41）

問題14　④（p.45）

問題15　②（p.57）

問題16　④（p.58）

問題17　③（p.63）

問題18　④（p.64）

問題19　③（p.68）

問題20　②（p.72）

問題21　③（p.73）

問題22　④（p.78）

問題23　③（p.82）

問題24　②（p.89）

問題25　③（p.101）

お寿司検定

第Ⅲ部　お酢・お寿司検定模擬問題

参考資料

- 『すっぱいのひみつ：お酢と発酵を科学する』(2021)／赤野裕文著／金の星社
- 『食酢の科学（生活の科学シリーズ；21)』(1986)／㈶科学技術教育協会出版部編／㈶科学技術教育協会
- 『食酢の知識』(1999)／恒信社編／国際出版研究所恒信社
- 『世界に広がる日本の酢の文化』(2003)／岩崎信也著／凸版印刷
- 『酢の機能と科学』(2012)／酢酸菌研究会編／朝倉書店
- 『酢の科学（シリーズ食品の科学)』(1990)／飴山實・大塚滋編／朝倉書店
- 『すしの貌：時代が求めた味の革命（日本を知る)』(1997)／日比野光敏／大巧社
- 『日本料理とは何か：和食文化の源流と展開』(2016)／奥村彪夫著／農山漁村文化協会
- 『だれも語らなかったすしの世界』(2016)／日比野光敏著／旭屋出版
- 『日本すし紀行：巻きずしと稲荷と助六と』(2018)／日比野光敏著／旭屋出版
- 『すしから見る日本』(2016)／川澄健監修／文研出版
- 『鮨職人の魚仕事：鮨ダネの仕込みから、つまみのアイデアまで』(2018)／柴田書店編／柴田書店
- 『日本の伝統食 巻寿司のはなし：株式会社あじかん創業50周年記念誌』(2012)／巻寿司のはなし編集
  委員会編／㈱あじかん
- 『[改定8版] 食品表示検定認定テキスト・中級』(2023)／（一社）食品表示検定協会／ダイヤモンド社
- 『中世家文書にみる酢作りの歴史と文化』(1998)／日本福祉大学知多半島総合研究所他編／中央公論社
- 『MATAZAEMON七人の又左衛門（新訂版)』(2004)／ミツカングループ創業200周年記念誌編集委員
  会編／㈱ミツカングループ本社
- 『偲ぶ與兵衛の鮓』(1989)／吉野曻雄著／主婦の友社
- 『発酵検定公式テキスト』(2018)／（一社）日本発酵文化協会監修／実業之日本社
- 毎日新聞（平成10年2月3日)「節分には巻き寿司丸かぶりの謎に迫る。鬼も逃げ出す浪速の商魂」
- 『おさかな文化検定』(一社）クオリティ・オブ・ライフ支援振興会
- 『食酢のやさしいガイドブック』(2022)／全国食酢協会中央会
- 『やさしいお酢のはなし』(2019)／ミツカングループ
- 『半田のお酢と江戸のすしのおいしい関係』(2017)／（一財）招鶴亭文庫企画展8巻

- 赤野裕文（2019)，食酢の減塩効果と血圧への作用について，日本調理科学会誌，52，p.123-125
- 赤野裕文（2018)，江戸の握り寿司文化を支えた尾州半田の赤酢，粉体技術，10，p.533-537
- 赤野裕文（2008)，「なれずし」から「江戸前寿司」への進化とその復元について，日本調理科学会誌，
  41，p.214-217
- 赤野裕文（2021)，寿司の変遷と酢の力，日本食生活学会誌，31，p.201-206
- 赤野裕文（2023)，世界のお酢と酢の料理，日本調理科学会誌，56，p.150-152
- 赤野裕文（2008)，飲用適正に優れた食酢の開発，日本醸造協会誌，103，p.29-35
- 赤野裕文ら（2019)，マグロずしの風味に及ぼす食酢の影響について，日本調理科学会大会研究発表要
  旨集，52，p.123-125
- 菅野幸一（1992)，食酢の調理適正，調理科学，25，p.341-348
- 奥村一（1995)，食酢の品質の安定性について，日本醸造協会誌，90，p.410-415
- 正井博之（1974)，酢と調理，調理科学，7，p.58-64
- 山田巳喜男（2007)，酢酸発酵から生まれる食酢，日本醸造協会誌，102，p.115-120
- 山田巳喜男（2006)，食酢製造技術から見た100年の歩み：日本醸造協会創立100周年によせて，日本
  醸造協会誌，101，p.628-632

・外内尚人（2020），その歴史と食文化，東京電機大学総合文化研究，18，p.91-98
・柳原尚之（2021），江戸期における日本料理への酢の使われ方，日本調理科学会誌，54，p.132-140
・包啓安（1988），中国食酢の醸造技術について，日本醸造協会誌，83，p.462-471，p.534-542，p.681-686
・小泉幸道ら（1989），福山米酢の仕込み時に行われる振り麹の役割について，日本食品工業学会誌，36，p.237-244
・Inagaki S., et al. : *J. Phys. Fitness Sports* Med., 9（3）:115-125（2020）

以下、Webサイトは、2024年3月閲覧。
・ミツカングループHP　　　　［https://www.mizkan.co.jp/］
・全国食酢協会中央会HP　　　［http://www.shokusu.org/］
・全国すし商生活衛生同業組合連合会HP　［https://sushi-all-japan.com/index_a4.html/］
・農林水産省ホームページ「うちの郷土料理」
　　［https://www.maff.go.jp/j/keikaku/syokubunka/k_ryouri/］
・広島県食品工業技術センター. 広島県公式ホームページ「合わせ酢の殺菌効果」
　　［https://www.pref.hiroshima.lg.jp/soshiki/26/foodfaq4-4.html］
・JAグループ福岡「アキバ博士の食農教室：ワサビはなぜすしに使うの？」
　　［https://www.ja-gp-fukuoka.jp/archives/akiba/2528/］
・福井県小浜市ホームページ「鯖街道のお話」
　　［https://www1.city.obama.fukui.jp/obm/kankou/blog/2008/02/post-90.html］
・小国由美子, 日本経済新聞電子版（2017/4/22）「もっと関西　味付けのりなぜ関西で人気」
　　［https://www.nikkei.com/article/DGXLASIH13H01_T10C17A4AA2P00/］
・株式会社JB Press「味覚地図は昔の話、ここまで分かった」
　　［https://jbpress.ismedia.jp/articles/-/51497］
・福寿しホームページ「すしの歴史」
　　［https://fukuzusi.jp］
・株式会社JFLAホールディングス.「料理王国：江戸時代から現代まで移り変わるすし屋のスタイル」
　　［https://cuisine-kingdom.com/sushistyle-history/］
・株式会社元祖たこ昌ホームページ
　　［https://takomasa.co.jp/］
・川本大吾, プレジデントオンラインホームページ「なぜ日本人はこんなにサーモンを食べるようになったか…寿司ネタになると確信した在日ノルウェー大使館の戦略」
　　［https://president.jp/articles/-/78515?page=1］
・小林食品株式会社,「和食の旨み：「本膳料理」とは？「懐石料理」「会席料理」との明らかな違い」
　　［https://www.kobayashi-foods.co.jp/washoku-no-umami/japanese-cuisine］
・社会医療法人若弘会 若草第一病院「お酢の力で夏を乗り切ろう」
　　［https://www.wakakoukai.or.jp/daiichi/blog/blog200820-1/］
・巨椋修,「おもしろコラム：時代が激変するとき食文化も激変する」
　　［https://omosiro-column.com/archives/4859］
・三村佳代,「中国酢－中国四大醋について迫る～山西老陳醋・鎮江香醋・永春老醋・保寧醋～」
　　［https://eclat-shifu.com/3080/］

お酢・お寿司のレシピ
粕酢のふるさと 半田を歩く

お酢・お寿司のレシピ

※以下のレシピでは、甘酢はミツカン カンタン酢、レモン酢はミツカン カンタン酢レモン、リンゴ酢はミツカン リンゴ酢、黒酢はミツカン カンタン黒酢、穀物酢はミツカン 穀物酢、純米酢はミツカン カンタン純米酢、だし入すし酢はミツカン すし酢昆布だし入りを使用。他の市販のお酢でも良いが、適宜分量などを調整してほしい。

たこときゅうりの酢の物

調理時間
10分以内
エネルギー（1人前）
50kcal

作り方
① たこ、きゅうりは薄切りにする。わかめは食べやすい大きさに切る。
② ボウルに①を混ぜ合わせて酢を加え、軽くあえる。
③ 器に②を盛り付け、しょうがをのせる。

材料（2人分）
たこの足　1/2本（50g）
きゅうり　1/3本
わかめ（もどしたもの）20g
しょうが（せん切り）　適量
甘酢*　大さじ2

大根のフレッシュピクルス

調理時間
10分以内
エネルギー（1人前）
45kcal

作り方
① 大根、にんじんは4cm長さで5mm角程度の棒状に切る。きゅうりは4cm長さで縦4等分に切る。パプリカは5mm幅に切る。
② ジッパーつき保存袋に①と酢を注いで、空気を抜いてジッパーをしめ、よくもんで30分ほど漬ける。

材料（2人分）
大根　4cm程度
にんじん　1/6本
きゅうり　1/3本
パプリカ　赤・黄あわせて1/4個
甘酢*　1/2カップ

サーモンマリネ

調理時間
10分以内
エネルギー（1人前）
89kcal

材料（2人分）
スモークサーモン　5枚（50g）
たまねぎ　1/4個
ブラックオリーブ　1個
レモン　薄切り1枚
甘酢*またはレモン酢*　1/4カップ
水菜　1/2株

作り方
❶ スモークサーモンは一口大に切る。たまねぎは薄切りにし、水にさらした後、水けをきる。ブラックオリーブ、レモンは食べやすい大きさに切る。
❷ ❶を混ぜ合わせ、酢を注ぎ、冷蔵庫で10分以上漬け込む。
❸ 器に❷を盛り、4cm長さに切った水菜を添える。

鮭のカンタン南蛮漬け風

調理時間
15分
エネルギー（1人前）
282kcal

材料（2人分）
生鮭（切り身）2切れ（200g）
たまねぎ　1/2個
にんじん　1/4本
ピーマン　1個
甘酢*または黒酢*　100ml
塩　ひとつまみ
サラダ油　大さじ1

作り方
❶ 鮭は一口大の大きさに切り、塩をふり下味をつける。たまねぎは薄切りにし、にんじん、ピーマンはせん切りにする。
❷ フライパンにサラダ油をひき、鮭をこんがりするまで焼き、皿に盛りつける。
❸ ❷と同じフライパンで野菜を炒める。
❹ 全体に火が通ったら酢を注ぎ入れ、煮立ったら鮭の上にかけて、粗熱をとる。

鶏のさっぱり煮

調理時間
20分
エネルギー（1人前）
460kcal

作り方
① 鶏手羽元はよく水けをふく。
② 鍋に①と〈調味料〉を入れ、強めの中火にかける。
③ 煮立ったらふたをして、中火で15分ほど、煮汁が1/2～1/3程度になるまで煮る。
④ ゆで卵を加えて煮汁をからめ、手羽元と一緒に器に盛り、ゆでたブロッコリーを添える。

材料（2人分）
鶏手羽元　8本（480g）
ゆで卵　2個　　ブロッコリー　適量
〈調味料〉
穀物酢＊　100ml　　しょうゆ　大さじ3
砂糖　大さじ3

シンデレラビネガー

調理時間
5分以内
エネルギー（1人前）
61kcal

作り方
① グラスにリンゴ酢とオレンジジュース、レモン果汁、パイナップルジュースを注ぎ、軽く混ぜる。お好みで氷を入れる。
② ローズマリーとスライスしたレモンを飾る。

材料（1人分）
リンゴ酢＊　大さじ1
オレンジ100％ジュース　1/4カップ
レモン（果汁）　1/4カップ
パイナップル100％ジュース　1/4カップ
氷　適宜
ローズマリー　適宜
レモン　適宜

チキンの簡単ステーキ

材料（2人分）
鶏もも肉　1枚（280g）
サラダ油　小さじ1
甘酢*　1/2カップ

〈お好みの付け合わせ〉

調理時間
20分
エネルギー（1人前）
370kcal

作り方
1. フライパンにサラダ油を熱し、鶏肉は皮を下にして中火で焼く。きつね色になったら上下を返し、ふたをして1分ほど焼く。
2. 余分な油をペーパータオルでふき取り、酢を加えて強めの中火にし、煮立ったら中火にして5分ほど煮る。煮汁にとろみがでてきたら弱火にし、2〜3回返しながら、煮汁がきつね色になるまで煮詰めてからめる。
3. 食べやすい大きさに切り、〈お好みの付け合わせ〉とともに器に盛り、たれをかける。

梅シロップ

材料（20人分）
梅　1kg
氷砂糖　1kg

〈お好みの酢〉
リンゴ酢*または穀物酢*　150ml〜200ml

調理時間
20分
エネルギー（1人前）
207kcal

作り方
1. 梅はヘタを取り、よく洗って十分に水けをふく。
2. 密封できる広口ビンに梅と氷砂糖を3分の1くらいずつ交互に入れる。〈お好みの酢〉を入れ、ふたをして冷暗所で3週間漬ける。
3. 漬けている間、1日1回、ふたをしたまま軽くふり混ぜる。3週間経ったら果実を取り除く。

揚げない黒酢酢豚

調理時間
20分
エネルギー（1人前）
453kcal

作り方
① 豚肉は大きめの一口大に切り、片栗粉を薄く全体にまぶす。たまねぎはくし形、ピーマンとパプリカは乱切りにする。

② フライパンにごま油を熱し、豚肉を両面こんがりとするまで焼く。たまねぎ、ピーマン、パプリカを加え炒め、全体に油が回ったら、黒酢を加えて、強火で一気に汁けを飛ばすように焼きからめ、とろみがついたら器に盛る。

材料（2人分）
豚肩ロース肉　200g（とんかつ用）
たまねぎ　1/4個
ピーマン　2個
赤パプリカ　1/4個
黄パプリカ　1/4個
片栗粉　大さじ1
ごま油　大さじ2　　黒酢* 1/3カップ

調味料2つで！本格天津飯

調理時間
15分
エネルギー（1人前）
719kcal

作り方
① ご飯を1人分ずつ器に盛る。ボウルに卵、手で裂いたかに風味かまぼこを入れてかき混ぜ、卵液を作る。

② フライパンにごま油半量を入れ、強めの中火でよく熱し、卵液半量を一気に入れて大きくかき混ぜるように焼く。半熟の状態で①のご飯にのせる（2人分作る）。

③ フライパンの汚れをペーパータオルでふき取り、〈甘酢あん〉をしっかりと混ぜ合わせてから入れ、中火で熱する。ふつふつしてきたら弱火にし、とろみがつくまでかき混ぜる。

④ ②に半量ずつ③をかけ、小ねぎを飾る。

材料（2人分）
ご飯　丼2杯分（500g）　　卵　4個
かに風味かまぼこ　6本
小ねぎ（小口切り）適量　　ごま油　大さじ1
〈甘酢あん〉
純米酢* 大さじ3　　しょうゆ　大さじ1
おろししょうが　小さじ1/2
水　1カップ　　片栗粉　大さじ1

シンガポール・ヌードル
(シンガポール料理)

> **調理時間**
> 20分
> **エネルギー（1人前）**
> 659kcal

材料（2人分）
ビーフン　200g
えび　140g（大きめのもの）
たまねぎ　小1/2個（60g）
赤パプリカ　1/4個
さやえんどう　8個
にんにく　1片
サラダ油　大さじ3
塩　少々

〈ソース〉
甘酢＊　大さじ1と1/2
しょうゆ　大さじ1
ナンプラー（魚醤）　大さじ1
オイスターソース　大さじ1
カレー粉　大さじ1/2

作り方

❶ えびは殻をむいて背ワタを取り除く。たまねぎ、赤パプリカは薄切りにする。さやえんどうはヘタとすじを取る。にんにくは薄切りにする。鍋にたっぷりのお湯（分量外）を入れて沸騰させ、ビーフンを入れてやわらかくなるまで30秒～1分ほどゆでる。

❷ ボウルに〈ソース〉の調味料を入れて混ぜ合わせる。

❸ 中華鍋またはフライパンを強火にし、鍋が熱くなったら、サラダ油大さじ1を加え、えびに油をからませる。火が通ったらえびをいったん取り出す。

❹ ❸にサラダ油大さじ1を加え、野菜を入れて中火で3～4分炒める。野菜類をいったん取り出す。

❺ ❹にサラダ油大さじ1を加え、ビーフン、❷を入れ、混ぜながら2分炒める。えびと野菜を戻し入れ、軽く混ぜて1分炒める。味を見て必要なら塩を少々足す。

ビネグレッドソースがけチキン
（ウルグアイ風卵ソース）

調理時間
15分
エネルギー（1人前）
272kcal

作り方

❶ ゆで卵、イタリアンパセリはみじん切りにする。ボウルに入れ、残りの〈ソース〉の材料を加え、よく混ぜ合わせる。冷蔵庫でしっかり冷やす。

❷ 鶏むね肉はフォークで全体に穴をあけて耐熱皿に入れ、塩をふり、酒をかける。ふんわりとラップをして電子レンジ（600W）で2分30秒加熱する。上下を返して2分加熱し、そのまま冷まして余熱で火を通す。

❸ 鶏むね肉をそぎ切りにし、器に盛り付け、❶をかける。お好みでイタリアンパセリをかざる。

材料（2人分）
鶏むね肉（皮なし）　1枚（250g）
酒　大さじ1
塩　ふたつまみ

〈ソース〉
ゆで卵　1個（固ゆで）
イタリアンパセリ　2本（6g）
純米酢＊　大さじ2
オリーブオイル　大さじ1
おろしにんにく　小さじ1/2
こしょう　少々

イタリアンパセリ　適宜

握りずし

調理時間
15分
エネルギー（1人前）
449kcal

材料（4人分）
ご飯　2合（640g）　　だし入りすし酢* 　大さじ4
　　　　　　　　　　または甘酢* 　大さじ6
〈お好みの具材〉
まぐろ（刺身用）　8切れ
サーモン（刺身用）　8切れ
厚焼き卵　8切れ（1切れ10g）
ローストビーフ　4切れ　　生ハム　4切れ

作り方
❶ 温かいご飯に酢を回し入れ、切るように混ぜ合わせてすし飯を作る。
❷ 平らな皿にラップを敷き、❶の半量を平らに盛る。ラップをのせ、フライ返しでお寿司のシャリ1個分の大きさに切り込みを入れる。残りの半量も同様に作る。
❸ ❷を1個分手に取り、形を整え、〈お好みの具材〉をのせて、全体の形を整える。

五目ちらし寿司

調理時間
20分
エネルギー（1人前）
672kcal

材料（2人分）
ご飯　500g（米1.5合分）
市販のちらし寿司の素　記載量のとおり
錦糸卵　卵2個分
えび（ゆで）　6尾
イクラ　60g
さやえんどう　6枚

作り方
❶ 温かいご飯にちらし寿司の素をふりかけ、切り込むようにまんべんなく混ぜ合わせる。
❷ さやえんどうは筋を取り、塩少々（分量外）入れた熱湯でゆで、斜め半分に切る。
❸ ❶を器にのせ、錦糸卵を全体に盛り、えび、いくら、さやえんどうを飾る。